注册消防工程师资格考试辅导用书

消防安全案例分析模考通关试卷

2023年版

主　编　韩海云
副主编　王滨滨　杨卫国　杨殿波　徐　方

中国劳动社会保障出版社

图书在版编目（CIP）数据

消防安全案例分析模考通关试卷：2023 年版 / 注册消防工程师资格考试辅导用书编委会编 . -- 北京：中国劳动社会保障出版社，2023

注册消防工程师资格考试辅导用书

ISBN 978-7-5167-5930-1

Ⅰ.①消… Ⅱ.①注… Ⅲ.①消防 - 安全技术 - 案例 - 资格考试 - 习题集 Ⅳ.①TU998.1-44

中国国家版本馆 CIP 数据核字（2023）第 077896 号

中国劳动社会保障出版社出版发行

（北京市惠新东街 1 号　邮政编码：100029）

＊

三河市潮河印业有限公司印刷装订　　新华书店经销
787 毫米 ×1092 毫米　16 开本　9.25 印张　206 千字
2023 年 5 月第 1 版　　2023 年 5 月第 1 次印刷
定价：35.00 元

营销中心电话：400-606-6496　（010）64962347
中国人事考试图书网网址：https://rsks.class.com.cn

版权专有　　侵权必究

如有印装差错，请与本社联系调换：（010）81211666
我社将与版权执法机关配合，大力打击盗印、销售和使用盗版图书活动，敬请广大读者协助举报，经查实将给予举报者奖励。
举报电话：（010）64954652

前 言

为满足应试人员全方位备考需求，准确理解注册消防工程师资格考试大纲和教材，更好地开展复习备考，我们特邀长期从事消防实践工作和教学研究的专家，对考试大纲和教材进行深入分析，对历年考试情况进行认真研判，结合注册消防工程师资格考试规律，组织编写了"注册消防工程师资格考试辅导用书"。

本套辅导用书围绕消防安全技术实务、消防安全技术综合能力和消防安全案例分析三个考试科目，分别开发了历年真题试卷、模考通关试卷、考前冲刺试卷三个系列、九种图书。本套辅导用书坚持以考试大纲为指导，以国家消防技术标准规范为依据，以历年考试重点、难点为基础，以满足不同层次读者在不同学习阶段的不同学习需求为出发点进行编写。

历年真题试卷在系统收录2015—2022年8套考题的基础上，结合消防技术标准规范更新情况，替换少量自编题，真实体现历年考试难度，其中两套考试真题读者可扫描目录页二维码领取。

模考通关试卷旨在满足应试人员模拟考试环境、进行考前练兵的需求，通过提供专家精心命题、规范组卷的5套高质量仿真试题，覆盖考点、模拟实战，尤其适合考前一个月突击检查。

考前冲刺试卷收录了一套纸质试卷和一套电子试卷，后者可通过关注"火焰蓝消防课堂"微信公众号后领取。

上述三个系列均提供了试题的参考答案及解析。

需要特别说明的是，本套辅导用书的内容如有与新颁行国家消防技术标准规范不一致之处，应以新颁行国家消防技术标准规范为准。

由于编者水平所限，书中难免存在不足，恳请读者批评指正。

有关本套辅导用书的意见和建议，欢迎各位读者及时通过微信公众号"火焰蓝消防课堂"和QQ群号"812367680"反映。我们也会将相关增补内容及时在上述微信公众号和QQ群中公布。

目 录

消防安全案例分析模考通关试卷（一）………………………………………… 1
消防安全案例分析模考通关试卷（二）………………………………………… 13
消防安全案例分析模考通关试卷（三）………………………………………… 24
消防安全案例分析模考通关试卷（四）………………………………………… 37
消防安全案例分析模考通关试卷（五）………………………………………… 50

消防安全案例分析模考通关试卷（一）参考答案及解析………………………… 63
消防安全案例分析模考通关试卷（二）参考答案及解析………………………… 78
消防安全案例分析模考通关试卷（三）参考答案及解析………………………… 94
消防安全案例分析模考通关试卷（四）参考答案及解析………………………… 110
消防安全案例分析模考通关试卷（五）参考答案及解析………………………… 125

后记 …………………………………………………………………………………… 141

消防安全案例分析
模考通关试卷（一）

第一题

某高层综合楼地上25层，地下1层，建筑高度90 m，建筑面积27 760 m²，其中地上26 000 m²，地下1 760 m²。该建筑一至四层为商业用房，五至十层为布局相同的办公用房，十一至二十五层为布局相同的住宅，地下一层为停车库和设备房。办公部分每层划分为3个防火分区，每个防火分区设两部防烟楼梯间。按规范要求设置了火灾自动报警系统，自带电源集中控制型消防应急照明和疏散指示系统，机械排烟系统、机械加压送风系统等消防设施。

业主委托某消防技术服务机构对消防设施进行检测，检测情况如下：

（1）对设置在屋顶的排烟风机进行检测时发现，当模拟火灾使排烟风机自动启动后，如消防联动控制器设置为手动状态，操作关闭排烟风机入口处的总管上设置的280 ℃排烟防火阀，排烟风机无反应；如消防联动控制器设置为自动状态，操作关闭排烟防火阀，排烟风机自动停止。

（2）对机械加压送风系统进行检测时发现，在六层某一防火分区内触发2只感烟火灾探测器报警，系统中部分常闭送风口开启，对应的送风机启动；恢复系统状态后，手动开启该防火分区某前室内的常闭送风口，对应送风机未启动。

（3）手动切断六层某防火分区的消防应急照明配电箱的主电源，该区域所有消防灯具均进入应急点亮状态，25 min后灯具自动熄灭。恢复该消防应急照明配电箱主电源，模拟火灾触发2只感烟火灾探测器报警，发现该层在疏散走道侧墙上有1只疏散指示标志灯未进入应急点亮状态，其余灯具进入应急点亮状态。

根据以上材料，回答下列问题（共14分，每题2分。每题的备选项中，有2个或2个以上符合题意，至少有1个错项。错选，本题不得分；少选，所选的每个选项得0.5分）：

1. 当消防联动控制器设置为手动状态，操作关闭排烟风机入口处的总管上设置的280 ℃排烟防火阀，排烟风机没有自动关闭，可能的原因有（　　）。
   A. 排烟防火阀和排烟风机控制柜之间未设置专用线路
   B. 消防联动控制器设置为手动状态
   C. 排烟防火阀故障
   D. 排烟风机控制柜内部故障

E. 排烟防火阀和排烟风机控制柜之间专用线路故障

2. 对机械加压送风系统检测时，当六层某一防火分区内触发 2 只感烟火灾探测器报警时，按照规范要求应当开启的送风口有（　　）。

　　A. 报警探测器所在防火分区内的常闭送风口

　　B. 六层所有的常闭送风口

　　C. 七层位于报警探测器上方的防火分区内的常闭送风口

　　D. 五层位于报警探测器下方的防火分区内的常闭送风口

　　E. 报警探测器所在防火分区内楼梯间的所有送风口

3. 对机械加压送风系统检测时，手动开启六层某前室内的常闭送风口，对应送风机未启动的可能原因有（　　）。

　　A. 消防联动控制编程逻辑问题

　　B. 该送风口处安装的消防模块故障

　　C. 该送风口的动作信号反馈装置有故障

　　D. 该送风口的控制装置、消防模块、消防联动控制器三者之间线路有故障

　　E. 风机控制柜内消防模块故障

4. 对机械加压送风系统检测时，加压送风机应进行的启动方式测试有（　　）。

　　A. 加压送风机控制柜上手动启动

　　B. 消防控制室内专用线路启动

　　C. 开启常闭加压送风口，联动启动加压送风机

　　D. 机械应急启动加压送风机

　　E. 模拟火灾，两个火灾报警信号联动加压送风机启动

5. 对应急照明和疏散指示系统检测时，六层未进入应急点亮状态的疏散指示标志灯具故障的可能原因有（　　）。

　　A. 通信线路故障　　　　　　　　B. 该灯具内部存在故障

　　C. 应急照明控制器的联动编程错误　　D. 应急照明配电箱故障

　　E. 电源线故障

6. 对于消防应急照明和疏散指示系统中标志灯的安装设置，下列做法符合规范要求的有（　　）。

　　A. 安装在走道墙上时，距地面 0.3 m

　　B. 在走道两侧的墙面上时，距地面 0.8 m

　　C. 走道墙面上嵌入式安装的方向标志灯，设置间距为 15 m

　　D. 疏散出口上方没有安装空间，于是将出口标志灯安装在门的侧面

　　E. 楼梯间每层设置指示该楼层的标志灯

7. 对于消防应急照明和疏散指示系统的检测，下列说法正确的是（　　）。

　　A. 灯具亮 25 min 就熄灭了，不符合规范要求

B. 2只感烟火灾探测器报警后，全楼应急照明灯具均应点亮
C. 该区域蓄电池电源供电时的持续工作时间至少应是 30 min
D. 该区域蓄电池电源供电时的持续工作时间至少应是 55 min
E. 探测器报警后，应急照明灯具点亮，此时灯具是由系统主电源供电

第二题

某市开源商业大厦共15层，地下3层，地上12层，占地面积3 952 m²。各层布置情况如下：

地下一层为发电机房、消防水泵房、空调机房、排烟风机房等设备用房，地下二、三层为汽车库。

一层为天天便利店、品牌服饰区、消防控制室和微型消防站。其中，天天便利店建筑面积560 m²，品牌服饰区包括20家品牌服饰专营店，消防控制室与微型消防站合用。消防控制室值班人员实行24 h不间断值班制度，每班2人，均持证上岗。

二层为萌乐宝儿童游乐场，目前正处于装修阶段。施工单位办理了相关审批手续。在进行电焊作业前办理了动火审批手续，并将动火作业的区域用木质胶合板与使用、营业区域分隔。

三层为天天健身房和乐琪影院。其中，天天健身房建筑面积1 360 m²；乐琪影院建筑面积2 508 m²，包含4个面积不等的放映厅。为达到良好的吸音和隔音效果，放映厅的顶棚和墙壁均采用玻璃纤维吸音棉进行软包。

四层为餐饮场所，包含35家面积在20～30 m²不等的小档口和4个公共就餐区。小档口采用液化气罐加工食品。厨房区域靠外墙布置，并采用耐火极限不低于2.00 h的隔墙与其他部位进行分隔。

五层及以上是乐途宾馆。五层至八层，每层各设置40间标准客房，九层至十二层各设置25间套房。

开源商业大厦明确了消防安全责任人和消防安全管理人（具备暖通工程师职称），安保部作为消防安全工作归口管理部门，建立了消防安全管理制度。该大厦委托新叶物业服务有限公司提供消防安全管理服务。

根据以上材料，回答下列问题（共20分，每题2分。每题的备选项中，有2个或2个以上符合题意，至少有1个错项。错选，本题不得分；少选，所选的每个选项得0.5分）：

1. 应向当地消防救援机构申报消防安全重点单位备案的单位包括（　　）。
   A. 开源商业大厦
   B. 乐途宾馆
   C. 萌乐宝儿童游乐场
   D. 乐琪影院
   E. 天天便利店

2. 品牌服饰专营店的销售人员应该履行的消防安全职责包括（　　）。
   A. 定期向消防安全责任人报告消防安全状况，及时报告涉及消防安全的重大问题
   B. 及时制止顾客的吸烟行为

C. 按照本单位的消防安全管理制度进行防火巡查，并做好记录，发现问题应当及时报告

D. 熟悉本工作场所消防设施、器材及安全出口的位置，参加单位灭火和应急疏散预案演练

E. 每日到岗后及下班前应当检查本岗位工作设施、设备、场地、电源插座、电气设备的使用状态等，发现隐患及时排除并向消防安全工作归口管理部门报告

3. 乐途宾馆的下列做法中，不符合《机关、团体、企业、事业单位消防安全管理规定》要求的是（　　）。

A. 每月组织一次防火检查

B. 每日开展防火巡查

C. 每年组织员工开展一次消防演练

D. 每半年组织员工开展一次消防安全培训

E. 申报消防安全检查，经检查合格后开业使用

4. 下列关于微型消防站表述正确的是（　　）。

A. 为大型商业综合体建筑整体服务的微型消防站用房宜设置在建筑的首层或地下一层

B. 微型消防站每班（组）灭火处置人员不应少于6人，且不得由消防控制室值班人员兼任

C. 微型消防站队员每月技能训练不少于1天，每年轮训不少于4天，岗位练兵累计不少于7天

D. 大型商业综合体的建筑面积大于或等于5万 m^2 时，应当至少设置2个微型消防站

E. 微型消防站由大型商业综合体产权单位、使用单位和委托管理单位负责日常管理，并宜与周边其他单位微型消防站建立联动联防机制

5. 二层萌乐宝儿童游乐场的装修施工，应符合下列（　　）规定。

A. 建立施工现场消防安全管理制度和操作规程

B. 施工前，对施工人员开展消防安全教育培训

C. 动火作业现场应当清除可燃、易燃物品，配置灭火器材，落实现场监护人和安全措施，在确认无火灾、爆炸危险后方可动火作业

D. 因装修施工需要，可以暂停大厦的消防设施。一旦施工结束后，立即恢复到正常运行状态

E. 制定灭火应急疏散演练预案并开展演练

6. 下列开源商业大厦编制、演练灭火和应急疏散预案的活动中，不符合现行规定的行为有（　　）。

A. 开源商业大厦的灭火和应急疏散预案从低到高分为三级

B. 疏散引导行动与灭火行动先后进行

C. 新叶物业服务有限公司编制总预案，天天健身房、乐琪影院和乐途宾馆等使用单位

应根据自身实际制定专项预案

　　D. 灭火和应急疏散预案至少每半年组织开展一次消防演练

　　E. 开源商业大厦应向当地消防救援机构报告消防演练方案，接受相应的业务指导，并每年与当地消防救援机构联合开展消防演练

　7. 消防控制室值班人员应履行的职责有（　　）。

　　A. 消防控制室值班人员值班期间，对接收到的火灾报警信号应当立即以最快方式确认

　　B. 如果确认发生火灾，应当立即向单位的消防安全责任人或者消防安全管理人进行汇报

　　C. 随时检查消防控制室设施设备运行情况

　　D. 对不能及时排除的故障应当及时向消防安全工作归口管理部门报告

　　E. 做好消防控制室火警、故障和值班记录

　8. 开源商业大厦中存在的消防违法行为包括（　　）。

　　A. 微型消防站与消防控制室合用

　　B. 二层施工单位将动火作业区域用木质胶合板与使用、营业区域分隔

　　C. 三层乐琪影院放映厅的顶棚和墙壁采用玻璃纤维吸音棉进行软包

　　D. 小档口采用液化气罐加工食品

　　E. 开源商业大厦的消防安全管理人具备暖通工程师职称

　9. 根据《消防安全责任制实施办法》，乐琪影院应该履行的消防安全职责包括（　　）。

　　A. 按照相关标准配备消防设施、器材，设置消防安全标志，定期检验维修，对建筑消防设施每年至少进行一次全面检测，确保完好有效

　　B. 建立消防档案，确定消防安全重点部位，设置防火标志，实行严格管理

　　C. 安装、使用电器产品、燃气用具和敷设电气线路、管线必须符合相关标准和用电、用气安全管理规定，并定期维护保养、检测

　　D. 建立单位专职消防队

　　E. 参加火灾公众责任保险

　10. 对开源商业大厦的消防安全管理人进行消防安全教育培训的内容应当至少包括（　　）。

　　A. 单位人员组织架构

　　B. 报火警、扑灭初起火灾、应急疏散和自救逃生的知识、技能

　　C. 灭火和应急疏散指挥架构

　　D. 灭火和应急疏散预案

　　E. 单位消防安全管理制度

第三题

　　某华南开发区建有商业综合体，建筑高度46.7 m。建筑占地面积为9 325.9 m²，总建

筑面积为 89 590.43 m²（其中地上 50 438.34 m²，地下 39 152.09 m²）。整个建筑地下 3 层，地上 10 层。地下一层为超市、非机动车库、配套设备用房；地下二层为汽车库、非机动车库、设备及管理用房；地下三层为汽车库、设备用房；地上一层到四层为百货商场；地上五层为餐厅；地上六层、七层为影院（每个厅室面积小于 200 m²）；地上八层到十层为商业配套办公用房。该工程建筑耐火等级设计为一级，设计有环形消防车道与消防车登高操作场地，每个防火分区设 2 部以上疏散楼梯，各层防火分区及疏散宽度、距离均满足规范要求。建筑外墙保温材料采用憎水型半硬质岩棉板。

建筑设有室内、外消火栓系统和自动喷水灭火系统。室内、外消防水源来自消防水池；消防水泵房设置在地下三层，消防水泵房内设置 2 台室内消火栓泵，2 台室外消火栓泵，2 台喷淋泵；室外消火栓设计流量为 40 L/s，室内消火栓设计流量为 30 L/s，自动喷水灭火系统采用的是湿式系统，系统设计流量为 40 L/s。屋顶设置有消防水箱，屋顶消防水箱间内设置消火栓系统与自动喷水灭火系统稳压设施各一套。设地上式室外消火栓 4 个，消防水池取水井 2 个，室外消火栓的设计流量为 15 L/s。

根据以上材料，回答下列问题（共 16 分，每题 2 分。每题的备选项中，有 2 个或 2 个以上符合题意，至少有 1 个错项。错选，本题不得分；少选，所选的每个选项得 0.5 分）：

1. 对该建筑消防水池检测结果中符合规范要求的有（　　）。
   A. 消防水池设在地下三层
   B. 该建筑有两格消防水池，总有效容积为 700 m³
   C. 1 号消防水池储水量为 300 m³，2 号消防水池储水量为 400 m³
   D. 每座消防水池设有独立的出水管
   E. 消防水池进水管管径为 DN100

2. 对该建筑消防水池取水口检测结果中不符合规范要求的有（　　）。
   A. 建筑扑救面外墙 10 m 处设有 1 号消防水池取水井
   B. 1 号消防水池取水井吸水高度为 7 m
   C. 建筑非扑救面外墙 18 m 处设有 2 号消防水池取水井
   D. 1 号消防水池取水井吸水高度为 5 m
   E. 2 号消防水池取水井平时保障绿化用水

3. 对该建筑室内消火栓动压力检测符合规范要求的有（　　）。
   A. 地下三层汽车库的消火栓动压力为 0.70 MPa
   B. 地上一层百货商场的消火栓动压力为 0.60 MPa
   C. 地上五层餐厅的消火栓动压力为 0.44 MPa
   D. 地上七层影院的消火栓动压力为 0.40 MPa
   E. 地上十层商业配套办公用房的消火栓动压力为 0.30 MPa

4. 对该建筑灭火设施静压力检测位置和数值符合规范要求的有（　　）。
   A. 检测地下三层汽车库的消火栓静压力为 0.60 MPa
   B. 检测地下三层汽车库自动喷水灭火系统末端试水装置的压力为 0.65 MPa

C. 检测地上一层商场的消火栓静压力为 0.50 MPa
D. 检测十层商业配套办公用房的消火栓静压力为 0.16 MPa
E. 检测十层商业配套办公用房自动喷水灭火系统末端试水装置的压力为 0.18 MPa

5. 对该建筑消防水箱检测结论判断正确的是（　　）。
A. 消防水箱有效容积为 18 m³，不符合规范要求
B. 高位消防水箱在屋顶露天设置，不符合规范要求
C. 高位消防水箱采用不锈钢板建造，不符合规范要求
D. 水箱的人孔采用锁具锁闭，不符合规范要求
E. 高位消防水箱采用铁架固定，不符合规范要求

6. 对消防水泵流量检测结果中符合规范要求的有（　　）。
A. 1 号喷淋泵流量为 40 L/s
B. 2 号喷淋泵流量为 35 L/s
C. 1 号室内消火栓泵流量为 35 L/s
D. 2 号室内消火栓泵流量为 40 L/s
E. 1 号室外消火栓泵流量为 35 L/s

7. 对消防水泵启泵测试结论正确的是（　　）。
A. 通过打开末端试水装置启动喷淋泵的时间为 60 s，符合规范要求
B. 通过控制柜手动直接启动消火栓泵的时间为 30 s，符合规范要求
C. 控制室内消防水泵处于手动控制状态，打开室内消火栓阀门，消防水泵不启动，不符合规范要求
D. 按下消火栓箱消火栓按钮，直接启动消防水泵，符合规范要求
E. 喷淋主、备泵切换时间为 60 s，符合规范要求

8. 对室外消火栓检测结论和保养符合规范要求的有（　　）。
A. 室外消火栓出流量分别为 12 L/s、12.5 L/s、13.5 L/s、13 L/s
B. 两室外消火栓间距最近为 100 m，最远为 130 m
C. 室外消火栓静水压力为 0.12 MPa
D. 室外消火栓距离建筑外墙最近点为 7 m，最远点为 10 m
E. 室外消火栓距离道路最近点为 1 m，最远点为 1.5 m

第四题

某工程地上 18 层，地下 1 层，为一类高层商住楼，框剪结构，耐火等级一级，建筑高度为 55.6 m，占地面积为 3 894 m²，建筑面积为 43 816 m²，地下建筑面积为 726.7 m²。该工程地上一至三层为商铺，四至十八层为住宅。住宅部分分为 A、B、C、D 四座，A、D 座均为两个单元，单元一为 18 层，设置一部防烟楼梯和一部消防电梯，一梯 4 户；单元二为 16 层，设置一部防烟楼梯和一部消防电梯，一梯 2 户。B、C 座均为一个单元，18 层，设置一部防烟楼梯和一部消防电梯，一梯 4 户。地下一层为自行车库、配电房及泵房等设备用房。其中，消防泵房面积为 134.75 m²。该工程地下车库设置机械排烟系统；地下

车库设置预作用自动喷水灭火系统，裙房部分设置湿式自动喷水灭火系统，配电房设置柜式预制气体灭火系统；地下一层、裙房部分及商业网点均设置火灾自动报警系统、室内消火栓系统、干粉灭火器、应急照明灯及疏散指示标志；地下一层设置有消防水池，总容积为 540 m³，C 座屋顶设置一个 18 m³ 的消防水箱。该工程商业外墙保温材料为 40 mm 厚岩棉板，屋面保温材料为 85 mm 厚泡沫玻璃保温板，住宅外墙保温材料为 35 mm 厚无机保温砂浆，屋面保温材料为 55 mm 厚泡沫玻璃保温板，燃烧性能均为 A 级。

对自动喷水灭火系统进行检查发现，报警阀室中有 1 个隔膜型预作用报警阀和 2 个湿式报警阀。关闭预作用阀出口的控制阀，打开手动启动阀，该阀泄水，但压力开关和水力警铃均未报警。打开湿式阀试验阀，延迟器底部泄水口未有水流出，消防控制室报警控制器显示压力开关报警，水力警铃报警发出声响报警，但消防水泵未启动。

对该工程气体灭火系统检查发现，配电房门外墙面距地面 1.2 m 处设有手动控制装置，无手动、自动转换功能。进入配电房发现，房间门向外开启，装有闭门器；该房间无窗，在靠近楼道的墙面上距顶棚 0.5 m 处设置有机械排风装置。打开柜式预制气体灭火装置柜门，发现容器阀上有 2 个保险销，储存容器瓶身设有标有充装量、充装日期等的金属铭牌。

根据以上材料，回答下列问题（共 22 分）：

1. 指出该建筑的湿式自动喷水灭火系统存在的问题以及解决方法。

2. 说明打开预作用阀的手动启动阀后，压力开关和水力警铃未报警的可能原因。

3. 气体灭火系统的设置存在哪些问题?

4. 简述检查预作用系统的充气装置的方法。

第五题

某商业综合体(包含1号楼、2号楼、裙房、物业管理用房及地下室人防工程)总建筑面积为 62 897.7 m^2。其中,1号楼为地上22层酒店,地上建筑面积为 19 592 m^2,建筑高度为 86 m,地上一至四层设计为酒店大堂、餐饮区,五层为设备架空层,六层为棋牌休闲区,七至二十二层为客房,耐火等级一级。2号楼为地上22层办公楼,地上建筑面积为 19 592 m^2,建筑高度为 86 m,地上一至四层设计为商业、物业管理用房,五至二十二层为办公区,耐火等级一级。1号、2号楼之间的裙房为4层大开间商业用房,2号楼南侧裙房为4层商业用房,设置防火墙与其他部分分隔。1号、2号楼之间的裙房在屋顶(5层)处设计网架采光顶,耐火极限不低于 2.00 h。地下一层为设备用房、车库,建筑面积为 10 740 m^2,设有2个车行坡道,非人防区汽车库设1个防火分区,人防区设3个防火分区。2个为汽车库,1个为非机动车库。消防控制室设在2号楼一层,建筑面积为 31.6 m^2;消防水箱（36 m³）设在2号楼屋顶，同时设置稳压泵和气压罐；消防水池（580 m³）设在地下室非人防区。工程设计了室内外消火栓系统、自动喷水灭火系统、固定消防炮灭火系统、火灾自动报警及电气火灾监控系统、机械防烟排烟系统、消防应急照明和疏散指示标志。

地下车库设置干式自动喷水灭火系统，其余位置设置湿式自动喷水灭火系统。自动喷水灭火系统均统一采用公称动作温度68 ℃的ZSTX-15喷头。对自动喷水灭火系统进行检查发现，某店铺加装了条状镂空吊顶，将喷头隐藏在吊顶内，且溅水盘与吊顶平齐。检查2号楼顶层的末端试水装置，发现压力表显示压力为0.12 MPa，打开末端试水装置试水阀，压力表显示值减小，一段时间后消防水泵启动，压力表显示值回升至1.0 MPa。

对灭火器进行检查发现，2号楼办公用房及裙房配置的灭火器型号为MF/ABC4，其余部位配置的灭火器型号为MF/ABC6。灭火器均放置于专用的翻盖灭火器箱中，翻盖开启角度为90°。检查时发现，2号楼的办公区域每隔3层就有1层的灭火器箱中没有灭火器，管理人员称这是由于灭火器到达维修年限，正在分批送修。

根据以上材料，回答下列问题（共22分）：

1. 分析喷头的设置存在的问题。

2. 湿式系统末端试水装置压力表显示的压力值是否满足要求？

3. 灭火器的设置和管理存在哪些问题？

第六题

某油库主要储存原油（闪点23 ℃），内设外输泵区、加热炉区、装车泵区、储油罐区、锅炉房、35 kV 变电所。其中，储油罐区配备 5 000 m³ 拱顶罐4个，10 000 m³ 拱顶罐2个，20 000 m³ 外浮顶罐2个，总库容8万 m³。该油库可进行原油计量储备，具备旁接外输、管线超压保护泄压等功能。储油罐区共有 29 个地上消火栓，29 个地下消火栓，29 个消防器材箱，28 个固定式可燃气体探测仪。

该企业消防安全责任人为落实企业消防安全主体责任，组织相关人员对该企业进行消防安全检查，情况如下：

（1）消防控制室值班人员每班为2人，值班记录显示值班人员实行夜晚、白天两班倒制度，其中1名值班人员未具有初级消防设施操作员资格证。

（2）消防水泵房泡沫液罐无液位显示。

（3）消防水池无液位显示。

（4）消防水泵房旁设值班室，消防水泵房开往值班室的门为防盗门。

根据以上材料，回答下列问题（共26分）：

1. 指出消防控制室值班安排存在的问题，并阐述消防控制室的值班要求。

2. 消防水泵房泡沫液罐存在什么问题？主要依据是什么？

3. 简述题干中消防水池的整改要求及检查要点。

消防安全案例分析
模考通关试卷（二）

第一题

某市商业中心地上8层，地下2层，建筑高度26 m，每层建筑面积为600 m²。各层布局如下：地下二层为消防设备用房；地下一层为商品库房和停车库；地上一层为开心幼儿园和消防控制室；二层为聚丰商场；三层为凯撒影视城和欣欣书吧，其中凯撒影视城面积为410 m²，欣欣书吧面积为180 m²；四层至八层为天天宾馆，共设客房96间。该商业中心和各使用单位确定李某某为消防安全管理人，负责商业中心的消防安全管理工作。商业中心建立了消防安全制度，并通过合同明确了各租赁单位、使用单位的消防安全责任。吸取近期外保温材料火灾教训，该商业中心在主入口及建筑的东西两侧设立警示牌，标示外保温材料的燃烧性能、防火要求。

欣欣书吧目前正在重新装修。工人电焊作业时产生的电火花引燃了附近的装修垃圾并蔓延至角落里封存的图书。消防控制室人员在火灾确认后立即启动了火灾报警联动控制器，但发现消防控制室不能远程启动喷淋泵。所幸现场人员使用灭火器将火扑灭。火灾造成直接经济损失2 489元。消防档案资料显示，中新消防设备检测公司（负责人方某某）于火灾前两天出具了消防设施完好有效的检测报告，但检测人员虽到场却并未进行检测。担任项目负责人的注册消防工程师徐某某在检测报告上签名并加盖执业印章。中新消防设备检测公司收取商业中心检测费2 000元。

根据以上材料，回答下列问题（共18分，每题2分。每题的备选项中，有2个或2个以上符合题意，至少有1个错项。错选，本题不得分；少选，所选的每个选项得0.5分）：

1. 消防安全管理人李某某应该履行下列（　　）消防安全职责。

A. 组织实施对建筑共用消防设施设备的维护保养

B. 对占用、堵塞、封闭疏散通道、安全出口、消防车通道等违规行为予以制止；制止无效的，及时报告消防救援机构等有关行政管理部门依法处理

C. 组织编制灭火和应急疏散综合预案并开展演练

D. 按照规定建立专职消防队、志愿消防队（微型消防站）等消防组织

E. 拟订年度消防工作计划，组织实施日常消防安全管理工作

2. 关于聚丰商场，下列表述正确的是（　　）。

A. 应建立志愿消防队，并依托志愿消防队建立微型消防站

B. 每季度由消防安全责任人主持召开消防安全例会,处理涉及消防安全的重大问题,研究、部署、落实本场所的消防安全工作计划和措施

C. 在公共部位的明显位置设置疏散示意图、警示标识

D. 在营业期间,应至少每 2 h 巡查一次

E. 定期开展消防安全评估,并将评估结果向社会公开

3. 在投入使用、营业前,下列(　　)单位应该取得消防行政许可。

A. 聚丰商场　　　　　　　　　　　B. 欣欣书吧

C. 天天宾馆　　　　　　　　　　　D. 凯撒影视城

E. 开心幼儿园

4. 关于消防安全重点单位报告备案制度,下列表述正确的是(　　)。

A. 消防安全重点单位依法确定的消防安全责任人、消防安全管理人、专(兼)职消防管理员、消防控制室值班操作人员等,自确定或变更之日起 5 个工作日内,向当地消防救援机构报告备案

B. 设有建筑消防设施的消防安全重点单位,应将维护保养合同、维保记录、设备运行记录每年向当地消防救援机构报告备案

C. 提供消防设施维护保养和检测的技术服务机构应自签订维护保养合同之日起 5 个工作日内向当地消防救援机构报告备案

D. 火灾隐患整改完毕,对消防救援机构责令限期改正的火灾隐患,单位应当在规定的期限将火灾隐患情况报消防救援机构备案

E. 消防安全重点单位每月组织一次消防安全管理情况自我评估,评估情况应自评估完成之日起 5 个工作日内向当地消防救援机构报告备案

5. 依据《消防法》和《人员密集场所消防安全管理》,用火、动火应遵守下列规定(　　)。

A. 动火部门和人员应当向消防救援机构申请办理审批手续

B. 人员密集场所应明确规定用火、动火管理的责任部门和责任人,用火、动火的审批范围、程序和要求等内容

C. 经审批后,人员密集场所可以在营业时间进行动火作业

D. 需要动火作业的区域,应与使用、营业区域进行防火分隔,严格将动火作业限制在防火分隔区域内,并加强消防安全现场监管

E. 进行电焊、气焊等具有火灾危险作业的人员必须持证上岗

6. 对于中新消防设备检测公司,下列处理正确的是(　　)。

A. 责令改正,对中新消防设备检测公司处以 60 000 元罚款

B. 对负责人方某某处以 25 000 元罚款

C. 中新消防设备检测公司应返还其收取商业中心的 2 000 元检测费

D. 中新消防设备检测公司赔偿欣欣书吧火灾直接经济损失 2 489 元

E. 对项目负责人徐某某处以 10 000 元罚款

7. 关于中新消防设备检测公司，下列表述正确的是（　　）。

A. 工作场所建筑面积应不小于 200 m²

B. 注册资本应不少于 100 万元

C. 技术服务项目应明确项目负责人，项目负责人应当具备一级注册消防工程师资格

D. 按消防技术服务项目建立消防技术服务档案，档案的保管期限为 6 年

E. 可以在全国范围内从业

8. 下列表述正确的是（　　）。

A. 高层建筑的消防安全管理人应具备注册消防工程师资格

B. 该商业中心内所有单位应当确定消防安全重点部位，并将消防安全重点部位情况存档备查

C. 高层民用建筑在进行外墙外保温系统施工时，施工单位应当采取必要的防火隔离以及限制住人和使用的措施，确保建筑内人员安全

D. 单位应当将本单位的火灾危险性、防火灭火措施、消防设施及灭火器材的操作使用方法、人员疏散逃生知识等作为消防安全教育培训的重点

E. 消防控制室实行每日 24 h 值班制度，每班工作时间应不大于 8 h，值班期间每 2 h 记录一次消防控制室内消防设备的运行情况

9. 根据《人员密集场所消防安全管理》，该商业中心应建立消防档案管理制度。其中，消防安全管理情况应包括下列（　　）内容。

A. 消防救援机构填发的各种法律文书

B. 所在建筑消防设计审查、消防验收或消防设计、消防验收备案以及场所投入使用、营业前消防安全检查的相关资料

C. 消防安全管理制度和保证消防安全的操作规程，灭火和应急疏散预案

D. 各级和各部门消防安全责任人的消防安全承诺书

E. 消防安全管理人、自动消防设施操作人员、电（气）焊工、电工、易燃易爆危险品操作人员的基本情况

第二题

某新建综合体建筑，地上 26 层，地下 2 层，建筑总面积 60 055 m²，其中地下 13 195 m²，地上 46 860 m²，建筑占地面积 6 000 m²，南北宽约 60 m，东西长约 100 m，主楼建筑高度为 99.63 m，裙房建筑高度 21.13 m。该建筑耐火等级为一级，建筑结构为框架核心筒结构。该综合体分为主楼和裙房两部分。地下二层层高 4.5 m；地下一层层高 5.7 m；一层至四层层高 5.1 m；五层为设备夹层，层高 2.1 m；六层至二十三层层高 3.6 m；二十四层及二十五层层高 3.9 m；二十六层层高 3.8 m。

主楼建筑功能为酒店，布局如下：地下二层为设备机房等；地下一层为车库及设备机房等；一层为酒店大堂、商务中心、餐厅厨房、健身城前厅及泳池等；二层为健身区、餐厅包房区；三层为健身区及多功能厅；四层为会议区；五层为设备层；六层至二十三层为酒店客房；二十四层至二十六层为办公层；屋顶为设备层。

整栋建筑均设有室内消火栓系统和自动喷水灭火系统，建筑物外设有室外消火栓系

统。消防用水从环状市政管路两根干管上引入两条DN250的给水管道，形成双路进水，室外管网布置成环形。室外消火栓及室内自动喷水灭火系统设计流量均为30 L/s，室内消火栓设计流量为40 L/s。

酒店综合体的室外用水由一个距离建筑物东侧外墙20 m处的室外消防水池供给并设置取水口；室内消火栓系统、自动喷水灭火系统由建在地下一层的消防水池与水泵房供水。两个消防水池设有两路且火灾时能保证连续补水的进水管，进水管管径为DN150，流量为15 L/s。

酒店综合体设置室外消火栓2个，分别布置在建筑物南北两侧，距北侧建筑外墙13.8 m，距南侧建筑外墙32.7 m，设计流量为10 L/s；距离该建筑70 m处的东西方向道路各有一个市政消火栓，出流量为15 L/s。

室内消防给水有两条进水管，系统独立设置，管道成环状。建筑屋顶设置高位消防水箱和稳压泵，水箱容积为18 m³。室内消火栓为高低区并联供水方式，室内消火栓系统竖向分区，地下二层至地上十一层为低区，十二层以上为高区，该建筑的消火栓泵高低区各采用2台电动离心泵，消防水泵满足一级负荷要求供电。高区采用XBD14/40-W型水泵，一用一备，设备参数为H=140 m，Q=40 L/s，P=110 kW；低区采用XBD9/40-W型水泵，一用一备，设备参数为H=80 m，Q=40 L/s，P=75 kW。高区的管道总水头损失为0.088 5 MPa，低区的管道总水头损失为0.069 MPa。消防水池最低水位标高为−3.3 m，高区最不利点标高96.2 m，低区最不利点标高41.6 m。

六层以上标准层电梯间及前室和楼梯间设在建筑东西两端的中间部位。房间布置在走道两侧，走道宽度为2 m，长度为50 m。在前室各设置1个室内消火栓箱。

根据以上材料，回答下列问题（共18分，每题2分。每题的备选项中，有2个或2个以上符合题意，至少有1个错项。错选，本题不得分；少选，所选的每个选项得0.5分）：

1. 该建筑室外消防水池的有效容积符合规范要求的是（　　）m³。
   A. 50
   B. 100
   C. 150
   D. 200
   E. 250

2. 该建筑室内消防水池的有效容积符合规范要求的是（　　）m³。
   A. 500
   B. 400
   C. 300
   D. 200
   E. 100

3. 以下对该建筑消防水箱设置说法正确的是（　　）。
   A. 消防水箱设在主楼屋顶，符合规范要求
   B. 消防水箱有效容积18 m³，小于规范要求
   C. 主楼建筑采用分区供水，应设置中间水箱
   D. 最低有效水位满足消防水泵在最低水位运行安全
   E. 出水管可保证消防水池中的水大部分被利用

4. 根据《消防给水及消火栓系统技术规范》，以下对该建筑室外消火栓设置说法正确的有（　　）。

   A. 该建筑室外消火栓数量可计算为 5 个
   B. 该建筑室外消火栓数量可计算为 4 个
   C. 该建筑室外消火栓数量可计算为 3 个
   D. 该建筑室外消火栓设置位置符合规范要求
   E. 该建筑室外消火栓设置位置不符合规范要求

5. 以下对该建筑消防水泵设置描述符合规范要求的有（　　）。

   A. 消防水泵设置在地下一层
   B. 高区 XBD14/40-W 型水泵选型符合要求
   C. 低区 XBD9/40-W 型水泵选型符合要求
   D. 消防水泵为一级负荷要求供电
   E. 消防水泵设置一条吸水管

6. 以下对该建筑室内消火栓设置说法正确的有（　　）。

   A. 消防电梯前室设置室内消火栓
   B. 标准层每层设置 2 个室内消火栓
   C. 设备层不设置消火栓
   D. 消防水枪充实水柱按 13 m 计算
   E. 消火栓栓口动压为 0.15 MPa

7. 以下对该建筑室外消防水池设置说法正确的有（　　）。

   A. 取水口吸水高度为 8 m
   B. 取水口与建筑物东侧外墙距离为 20 m
   C. 消防水池设置进水管的管径为 DN150
   D. 进水管的平均流速为 2 m/s
   E. 设置溢流管

8. 以下对该建筑消防水泵调试说法正确的是（　　）。

   A. 自动直接启动消防水泵在 60 s 内投入正常运行
   B. 备用泵切换启动消防水泵时，消防水泵 2 min 内投入正常运行
   C. 机械应急启动消防水泵，在消防水泵报警 4 min 时正常工作
   D. 当出流量为 60 L/s 时，高区消防水泵工作扬程为 90 m
   E. 当出流量为 0 L/s 时，低区消防水泵工作扬程为 110 m

9. 消防水池应在（　　）处设置防虫网。

   A. 进水管　　　　　　　　　B. 出水管
   C. 通气管　　　　　　　　　D. 溢流管
   E. 呼吸管

第三题

某大剧院总建筑面积为 50 000 m²，为一类高层公共建筑，耐火等级为一级。地上高

度42.906 m，台仓地下深度13.1 m。大剧院包括歌剧厅、音乐厅和戏剧厅（多功能厅）共3个厅。其中，歌剧厅有1584个座位，设有主舞台、侧台、后台、观众厅、化妆间、排练室、会议室等。主舞台有葡萄架，面积约780 m²；侧台位于主舞台两侧，无葡萄架，每个侧台面积约390 m²；后台位于主舞台后侧，无葡萄架，面积约510 m²。主舞台、侧台及后台均采用雨淋系统，共设置12组雨淋阀组，由一用一备的雨淋泵组供水。舞台台口处设置防护冷却水幕，配合防火幕，起到冷却防火幕的作用；主舞台与侧台、后台交界处设置防火分隔水幕。4组水幕分别由4个雨淋阀组控制，由两用一备的水幕泵组供水。水幕系统均采用缝隙式水幕喷头，喷水方向朝下，安装高度为10 m，舞台台口处水幕喷头为1排，其余位置处水幕喷头为2排。为了便于演出时对舞台消防系统进行控制，雨淋阀间位于舞台两侧靠近后台位置。

对系统的雨淋阀组进行检查时发现，雨淋阀控制腔的入口处均没有止回阀，有一个雨淋阀出口的控制阀关闭，管理人员称这样做的原因是由于其自动滴水阀一直漏水。打开雨淋阀的试水装置，水力警铃发出报警声，但消防水泵没有启动。检查中还发现雨淋系统和水幕系统均未设置水流指示器和末端试水装置。

根据以上材料，回答下列问题（共22分）：

1. 计算水幕系统的用水量时，设计喷水强度和火灾延续时间如何确定？

2. 水幕系统的喷头选型与设置是否合理？

3. 雨淋阀组的设置和管理存在哪些问题？自动滴水阀漏水的原因可能是什么？

4. 消防水泵没有启动的原因可能是什么？

5. 雨淋系统和水幕系统中未设置水流指示器和末端试水装置的做法是否正确？说明原因。

第四题

某商场地上 8 层，地下 1 层，每层建筑面积 1 500 m²，层高 4 m，均做有吊顶，建筑高度为 33 m。该建筑设有室内外消火栓系统、火灾自动报警系统、自动喷水灭火系统、机械防烟排烟系统、灭火器等消防设施及器材。消防技术服务机构受委托对该商场进行消防设施的专项检查。

该商场消防设备按二级负荷供电。消防控制室设置在首层，由地下一层的变配电室采用一专用回路供电，供电线路使用阻燃电缆，保障消防控制室内的消防设备、照明设备和监控设备等用电，并且为了提高供电的可靠性，在该供电回路上设置剩余电流式电气火灾探测器，实现电流故障报警功能。

对火灾自动报警系统进行测试，部分过程如下：取下某只火灾探测器，控制器上显示探测器故障信息，无声音提示，在控制器上进行复位操作，故障信息消失不再显示。半小时后，将该火灾探测器安装回去，模拟火灾使其报警，控制器显示其火灾报警信息并鸣响，在控制器上进行消声操作，控制器火警声音消除，又按下一只手动火灾报警按钮，控制器正确显示其火灾报警信息，但无火警报警声音。

对防烟系统进行检查测试，风机房现场手动启动送风机正常，风机控制柜设置在自动状态后，进行消防远程启动送风机时，情况如下：

（1）手动打开二层防烟楼梯间前室内的送风口，消防控制室收到送风口动作信号，但送风机未启动。

（2）复位送风口后，又模拟火灾使二层2只感烟火灾探测器正常动作报警，发现各层前室楼梯间送风口打开，但送风机也未启动。

（3）在消防控制室手动直启送风机，送风机正常启动。

对变配电室的气体灭火系统进行检查测试，在变配电室内，模拟火灾使1只感烟火灾探测器动作报警，室内外警报装置均鸣响，气体喷洒指示灯点亮，在气体灭火控制器上进行复位操作后，上述设备恢复正常。

根据以上材料，回答下列问题（共20分）：

1. 根据检查测试情况指出消防供电及火灾自动报警系统中存在的问题。

2. 指出防烟系统联动控制中存在的问题。

3. 说明导致送风机无法正常启动的原因。

4. 气体灭火系统是否存在问题？请说明理由。

第五题

某综合楼，建筑高度为 80.1 m，一级耐火等级，采用框架剪力墙结构。该综合楼地下 3 层，每层建筑面积均为 5 000 m^2；地下一层的使用功能为商店营业厅；地下二层的使用功能为汽车库；地下三层为设备用房和办公管理用房，设备用房设有配电室、通风空调机房、消防控制室、消防水泵房、柴油发电机房等，采用耐火极限 1.00 h 的隔墙、耐火极限 1.00 h 的楼板和乙级防火门与办公管理部分分隔。

地上部分由高层建筑主体和裙房组成，裙房与高层建筑主体之间设有防火墙。高层建筑主体地上 20 层，每层建筑面积均为 4 000 m^2，首层至五层为商店营业厅，六层为展览厅，七层至二十层为办公室及会议室，标准层内部为内廊式布局，走道长度 65 m。首层至六层设有一个中庭，二层至六层中庭均设有回廊。地上四层商店营业厅内设有一个建筑面积为 600 m^2 的儿童游乐厅、一个建筑面积为 1 000 m^2 的电影院；电影院采用钢化玻璃墙和乙级防火门与其他部位进行防火分隔。地上五层设有一个建筑面积为 800 m^2 的歌舞厅，其中设有一个面积为 300 m^2 的舞池和 15 个面积为 20～50 m^2 的包房，包房之间采用耐火极限 1.00 h 的隔墙分隔，包房的门为隔音门。地上十五层设有一个 B 级电子信息系统机房。

裙房地上 3 层，使用功能为商店营业厅，每层建筑面积均为 6 000 m^2。

该建筑按现行有关国家工程建设消防技术标准的规定，设置了室内消火栓系统、自动灭火系统、火灾自动报警系统、电气火灾监控系统等消防设施，并在商店营业厅和展览厅内均采用不燃或难燃装修材料。

根据以上材料，回答下列问题（共 20 分）：

1. 某消防技术服务机构拟对电子信息系统机房内设置的气体灭火系统防护区内的相关安全设施进行检查、维护，请对该防护区的安全设施进行说明。

2. 该建筑应在哪些部位设置防烟与排烟设施？请说明理由。

3. 在对该建筑的机械排烟系统进行联动调试时，需采取哪些方法并需满足哪些要求？

4. 该建筑中庭部分应该采取哪些防火措施？

第六题

某单层印染厂成品厂房，占地面积 2 300 m²，高度 6 m，厂房内梁为不燃性构件，耐火极限为 1.50 h；楼板采用不燃性构件，耐火极限为 1.00 h。厂房周边的建筑情况为：东部距离厂房 10 m 处为单层锅炉房，高 8 m，耐火等级三级。南部距离厂房 12 m 处为润滑油库，6 层 25 m 高，耐火等级一级。西部距离厂房 10 m 处为敌敌畏的合成厂房，单层 10 m 高，耐火等级二级。北部距离厂房 15 m 处为 4 层高 12 m 的空分厂房，耐火等级一级。印染厂成品厂房周边的建筑，面向该厂房一侧的外墙上均设有门和窗。厂房内一层东侧设有建筑面积为 300 m² 的办公、休息区，采用耐火极限 2.50 h 的防火隔墙与车间分隔，防火隔墙上设有双扇弹簧门；南侧设有 50 m² 的中间仓库，中间仓库内储存 2 昼夜还原清洗布料用的保险粉（连二亚硫酸钠，熔点 300 ℃，白色砂状结晶，引燃温度 250 ℃，遇水发生强烈化学反应并燃烧，属于一级易燃固体），采用防火隔墙与其他部位分隔，该厂房设置了消防给水及室内消火栓系统、建筑灭火器、排烟设施和应急照明及疏散指示标志。

根据以上材料，回答下列问题（共 22 分）：

1. 检查防火间距是否符合消防安全规定，提出防火间距不足时可采取的相应技术措施。

2. 简述厂房平面布置存在的消防安全问题，并提出整改意见。

3. 中间仓库存在哪些消防安全问题？应采取哪些防火防爆技术措施？

4. 该厂房内还应配置哪些建筑消防设施？

消防安全案例分析
模考通关试卷（三）

第一题

2022年2月12日，某市一居民楼发生火灾。起火居民楼成回字形，共15层，钢筋混凝土结构，建筑面积约25万m^2，系民兴公司（法定代表人为马某某）于20世纪90年代开发建设的项目。该建筑一层至三层为仓库，四层及以上是居民住宅。为谋取利益，民兴公司变更了居民小区内原设计的室内通道的使用性质，改为仓库并分割出租给约500名商户。仓库内存放着纸制品、塑料制品、花露水、油漆等物品。

在消防监督检查中，消防执法人员发现仓库存在下列问题：仓库内部隔墙采用木板、未设置自动灭火系统、室内消火栓部件缺损、部分灭火器压力不足、消防车通道被占用、未制定灭火和应急疏散预案、未对员工进行消防安全培训。

2018年，民兴公司将位于仓库一楼南侧区域出租给宏达百货批发部经营者李某某作为日杂用品库房使用。

宏达百货批发部库房南北两侧分别利用原有实体墙作为隔墙；东墙利用铁丝网、彩条布围挡；西墙除一木质双开门和木质隔墙外，其余部分利用铁丝网和彩条布围挡。宏达百货批发部自行用木板将库房隔为两层。2018年，宏达百货批发部库房管理员谢某某在没有电工资质的情况下对该库房内电线线路进行改动，擅自加装了插座和照明灯，并在库房内一层西南角搭建一个南北长2.7 m、东西宽2.1 m的休息室，休息室四角用木立柱固定，四周围挡彩条布。宏达百货批发部库房内电线裸露，货物与照明灯的距离太近，物品摆放混乱，未分类、分垛储存。

2019—2021年，属地消防执法人员曾多次对该仓库及宏达百货批发部库房进行消防检查并下达法律文书责令整改，民兴公司负责管理该仓库的刘某某及宏达百货批发部负责人李某某对整改要求始终未予落实。

2021年11月，谢某某从仓库安全员孙某处借来电暖器在宏达百货批发部库房内使用。宏达百货批发部负责人李某某对谢某某的行为并未予以制止。

2022年2月12日15时许，宏达百货批发部双层库房的休息室发生火灾。火灾调查表明，火灾系由于谢某某违章使用电暖器导致违章敷设的电线线路超负荷过热引燃周围可燃物引发。火势迅速蔓延至仓库其他租户。仓库内过火面积1.1万m^2，仓库各租户直接经济损失总计5 914万元，火灾未造成人员伤亡。

根据以上材料，回答下列问题（共 20 分，每题 2 分。每题的备选项中，有 2 个或 2 个以上符合题意，至少有 1 个错项。错选，本题不得分；少选，所选的每个选项得 0.5 分）：

1. 民兴公司将位于仓库南侧区域出租给宏达百货批发部经营者李某某作为库房使用。关于消防安全责任的履行，下列表述正确的是（　　）。
   A. 民兴公司出租给李某某的库房应符合消防安全要求
   B. 民兴公司与李某某应该在订立的合同中明确各方的消防安全责任
   C. 消防车通道、涉及公共消防安全的疏散设施和其他建筑消防设施应当由民兴公司统一管理
   D. 李某某应当在其使用、管理范围内对消防车通道、涉及公共消防安全的疏散设施和其他建筑消防设施进行管理
   E. 李某某应当在其使用、管理范围内依法履行消防安全职责

2. 仓库内存放的花露水、油漆等属于易燃易爆危险品。关于易燃易爆危险品的储存场所的设置，下列表述正确的是（　　）。
   A. 储存易燃易爆危险品的场所不得与居住场所设置在同一建筑物内
   B. 储存易燃易爆危险品的场所与居住场所设置在同一建筑物内的，应当符合国家工程建设消防技术标准
   C. 储存易燃易爆危险品的场所应当与居住场所保持安全距离
   D. 储存易燃易爆危险品的场所与居住场所的设置违反法律规定的，处五千元以上五万元以下罚款
   E. 储存易燃易爆危险品的场所与居住场所的设置违反法律规定的，责令停产停业，并处五千元以上五万元以下罚款

3. 根据《消防法》，对于该仓库的下列（　　）行为，应责令限期改正；逾期不改正的，对其直接负责的主管人员和其他直接责任人员依法给予处分或者给予警告处罚。
   A. 未设置自动灭火系统　　　　　　B. 部分灭火器压力不足
   C. 消防车通道被占用　　　　　　　D. 未制定灭火和应急疏散预案
   E. 未对员工进行消防安全培训

4. 根据《机关、团体、企业、事业单位消防安全管理规定》，仓库和库房的火灾隐患应采取以下（　　）措施整改。
   A. 单位应当及时消除火灾隐患。不能当场改正的，相关责任人员应当及时上报，提出整改方案
   B. 在火灾隐患未消除之前，单位应当将危险部位停产停业整改
   C. 对于确无能力解决的重大火灾隐患，单位应当提出解决方案并及时向其上级主管部门或者当地人民政府报告
   D. 火灾隐患整改完毕，负责整改的部门或者人员应当在整改情况记录上签字确认后存档备查
   E. 对消防救援机构责令限期改正的火灾隐患，单位应当在规定的期限内改正并写出火

灾隐患整改复函，报送消防救援机构

5. 关于仓库内用火、用电安全管理，下列表述正确的是（　　）。
   A. 室内储存场所内敷设的配电线路，应穿金属管或难燃硬塑料管保护
   B. 仓库内不宜安放和使用火炉、火盆、电暖器等取暖设备
   C. 仓库内进行焊接、切割作业期间应有专人值守，作业完成后值守人员方可离开
   D. 仓库管理人员应定期对仓储场所的电气设备进行检查、检测
   E. 电器产品的安装、使用及其线路、管路的设计、敷设、维护保养、检测，必须符合消防技术标准和管理规定

6. 根据《消防法》，储存可燃物资仓库的管理，必须执行消防技术标准和管理规定。该仓库应遵守下列（　　）规定。
   A. 建立专职消防队
   B. 库房内储存物品应分类、分堆、限额存放，每个堆垛的面积不应大于 150 m²
   C. 新入职的仓库管理员应经过消防安全专门培训才能上岗
   D. 库房内物品与照明灯之间的距离不小于 0.5 m
   E. 仓库内严禁使用明火

7. 根据上述案例资料，谢某某实施了下列（　　）违法行为。
   A. 对该库房内电气线路进行改动，加装了插座和照明灯
   B. 在库房内搭建休息室
   C. 未对仓库火灾隐患进行整改
   D. 在仓库内使用电暖器取暖
   E. 火灾发生后未及时报警

8. 该仓库开展宣传教育和培训的内容应当包括（　　）。
   A. 有关消防法规、消防安全制度和保障消防安全的操作规程
   B. 有关消防设施的性能、灭火器材的使用方法
   C. 报火警、扑灭初起火灾的知识和技能
   D. 组织、引导在场群众疏散的知识和技能
   E. 自救逃生的知识和技能

9. 关于该仓库，下列表述正确的是（　　）。
   A. 属于消防安全重点单位　　　B. 应当每周至少组织一次防火检查
   C. 应当每日组织防火巡查　　　D. 存在重大火灾隐患
   E. 应当建立消防档案

10. 关于该案例中相关责任人员的刑事责任，下列表述正确的是（　　）。
    A. 谢某某构成失火罪　　　　　B. 谢某某构成重大责任事故罪
    C. 马某某构成重大劳动安全事故罪　　D. 刘某某构成消防责任事故罪
    E. 李某某构成消防责任事故罪

第二题

华南地区某新建居住小区占地 75 000 m², 东西宽 150 m, 南北长 500 m, 由 6 栋建筑高度为 27 m 的 9 层单元式住宅楼和 8 栋建筑高度为 54 m 的 18 层单元式住宅楼组成。其中 3 栋 9 层住宅一层设置为小区配套的商业服务网点；小区将地下人防工程作为车库，停车位 400 个，设备机房位于地下一层，地下标高 −8 m。小区南北侧市政道路上各有一条 DN300 的市政给水管，供水压力为 0.25 MPa。小区消防给水与生活用水共用，采用一路进水环状管网供水，在管网上设置了室外消火栓。

住宅楼的室外消火栓设计流量为 15 L/s, 9 层住宅楼和 18 层住宅楼的室内消火栓设计流量分别为 5 L/s、10 L/s；火灾延续时间为 2 h, 9 层住宅楼设置干式消防竖管。在 18 层住宅楼的中间一栋的地下一层设置消防水池、消防水泵房。该住宅楼屋顶设置生活与消防合用消防水箱，高出屋面 0.3 m，水箱长×宽×高为 3 m×4 m×2 m。出水管管径为 DN65，高出水箱底部 300 mm，设置止回阀和防止旋流器；进水管位于水箱上部，溢流管紧贴进水管下部安装。

消防水池两路进水，火灾时不考虑补水。消防水泵房设置两台电动机驱动的消防水泵，消防水泵控制柜与消防水泵设置在同一房间，水泵一用一备，流量为 30 L/s, 设计工作压力为 0.8 MPa, 系统管网泄流量测试结果为 0.75 L/s。

小区消防工程竣工后施工单位对消防给水系统进行了调试。当消防水泵控制柜置于手动状态，对消防给水系统的试验管放水时，管网压力持续降低，消防水泵出水干管上压力开关动作，未能自动启动消防水泵；对高位消防水箱排水管放水时，出水管上的流量开关动作，消防水泵在 3 min 启动正常运转。按下消火栓箱手动按钮，消防水泵未能正常运转。为消防水泵主电源设置断电，备用电源 5 s 后投入使用。

根据以上材料，回答下列问题（共 18 分，每题 2 分。每题的备选项中，有 2 个或 2 个以上符合题意，至少有 1 个错项。错选，本题不得分；少选，所选的每个选项得 0.5 分）：

1. 该居民小区的消防给水形式选用经济并且符合《消防给水及消火栓系统技术规范》的是（   ）。

A. 9 层住宅楼室外消火栓采用低压消防给水系统

B. 18 层住宅楼室外消火栓采用临时高压消防给水

C. 市政给水采用一路接入住宅区进水，组成环状管网供水

D. 9 层住宅楼室内消火栓采用干式消防给水系统

E. 18 层住宅楼室内消火栓采用临时高压消防给水

2. 该居民小区的消防水池有效容积符合要求的是（   ）m³。

A. 50   B. 100

C. 108   D. 144

E. 216

3. 该居民小区 9 层住宅楼室内消火栓设置符合《消防给水及消火栓系统技术规范》的是（   ）。

A. 消火栓箱配置 DN65 的室内消火栓口，不配置水带、水枪
B. 干式消防竖管设置在楼梯间休息平台
C. 干式消防竖管在首层设置消防车供水的接口
D. 干式消防竖管顶端封闭
E. 商业网点的室内消火栓有一股充实水柱到达室内任何部位

4. 根据《消防给水及消火栓系统技术规范》，该小区消防水箱设置和安装存在的问题有（   ）。
A. 消防水箱有效容积不足
B. 消防水箱出水管管径小
C. 消防水箱进、出水管安装位置不正确
D. 消防水箱溢流管安装位置过高
E. 出水管设置止回阀

5. 测试消防水泵零流量的压力符合《消防给水及消火栓系统技术规范》的是（   ）MPa。
A. 1.2
B. 1.1
C. 1.0
D. 0.9
E. 0.8

6. 该居民小区的消防水箱流量开关的动作流量值设置正确的是（   ）L/s。
A. 0.5
B. 0.75
C. 1.75
D. 1
E. 1.5

7. 根据《消防给水及消火栓系统技术规范》，下列关于该居民小区临时高压系统设置说法正确的是（   ）。
A. 消防水箱能满足最不利点水压要求
B. 消防水箱不能满足最不利点水压要求，需要设置稳压泵
C. 消防水箱流量开关启动流量设置为 0.5 L/s
D. 采用超压泄压阀防止消防水泵低流量空转
E. 临时高压消防给水系统采用环状管网

8. 以下属于消防水泵控制存在的问题，并整改正确的是（   ）。
A. 消防水泵出水干管上压力开关引入消防水泵控制柜内
B. 高位消防水箱出水管上的流量开关引入消防水泵控制柜内
C. 消防水泵应确保在 2 min 内启动并运行正常
D. 备用电源应在 2 s 内投入使用
E. 消火栓箱手动按钮设置为可以直接启动消防水泵

9. 以下对该建筑消防供水管线设备设置正确的是（   ）。

A. 消防给水系统管道的最高点处设置自动排气阀
B. 消防水泵出水管上的止回阀采用水锤消除止回阀
C. 减压阀前设置压力试验排水阀
D. 垂直安装的减压阀，水流方向向上
E. 可调式减压阀水平安装

第三题

某博物馆建筑地上 3 层，地下 2 层，总建筑面积 42 996 m²。设置有室内、外消火栓系统，自动喷水灭火系统，消防水炮系统和气体灭火系统。该博物馆有 4 个层高 8 m 的常设展厅，火灾危险等级按中危险级 Ⅱ 级考虑，采用预作用系统保护。常设展厅中均设置有网格状吊顶，吊顶厚度为 5 cm，网格开口为边长 10 cm 的正方形，开口面积占吊顶总面积的 72%，安装隐蔽型洒水喷头，喷头盖板与吊顶齐平，喷头布置间距为 3.2 m；中庭设置 2 门消防水炮；一层的 1 个精品展厅和地下一层和二层的 12 个藏品库设置了一套组合分配式的 IG541 气体灭火系统保护，灭火剂量 2 030 kg，灭火储瓶 20 套。

对博物馆进行消防验收时发现，自动喷水灭火系统末端试水装置距地面 1.5 m，压力表直接水平连接在试水阀上游，试水阀下游装有试水接头，试水接头的出水通过漏斗进入 DN50 的排水管。分别使某个展厅内的 2 个感烟探测器响应，约 2 min 后打开末端试水装置试水阀，末端试水装置正常出水。

任选一个藏品库进行模拟启动实验，另一个藏品库进行模拟喷气实验，检测结果合格。

根据以上材料，回答下列问题（共 20 分）：

1. 说明博物馆自动喷水灭火系统的设计喷水强度和作用面积。

2. 洒水喷头的选型和设置是否符合《自动喷水灭火系统设计规范》的要求？为什么？

3. 末端试水装置的设置是否正确？请说明理由。

4. 气体灭火系统的设置和功能验收存在哪些问题？

第四题

某商业大厦按规范要求设置了火灾自动报警系统、自动喷水灭火系统以及气体灭火系统等建筑消防设施，消防技术服务机构受业主委托，对相关消防设施进行检测。有关情况如下：

1. 火灾自动报警设施功能性检测

消防技术服务机构人员取下某只手动火灾报警按钮，控制器显示火灾报警按钮故障，并伴有故障报警声响；模拟火灾烟雾使另一只感烟火灾探测器报警，探测器火警确认灯点亮，控制器显示火灾报警信息，声响不变，机构人员在现场消散烟雾，感烟火灾探测器火警确认灯熄灭。将取下的手动报警按钮装回，控制器复位操作后，报警和故障信息消失。检查中还发现有一只手动报警按钮和一层某区域的水流指示器被屏蔽。据值班人员介绍，这两个设备长期报故障。消防技术服务机构人员更换了手动报警按钮和水流指示器配接的消防模块并取消屏蔽后，发现手动报警按钮不再报故障，但水流指示器依然报故障。

该商业大厦中庭长×宽为 30 m×40 m，高 15 m，设置了 2 组对射式红外光束感烟火灾探测器，安装在距地面 13 m 高的墙面上，探测器的光束轴线长约 40 m，两组探测器水平距离 10 m，距侧墙 10 m。消防技术服务机构人员随机选择一个红外光束感烟火灾探测器进行测试，用减光率为 0.5 dB 的减光片遮挡光路，80 s 后控制器显示火灾报警信号；改用减光率为 11.5 dB 的减光片遮挡光路，120 s 后控制器显示故障报警信息。

2. 消火栓系统联动控制功能检测

消防技术服务机构人员将火灾报警控制器的联动功能设置为手动方式后，接上屋顶试验用消火栓水枪及水带进行出水试验，按下消火栓按钮，消火栓泵无法启动；将火灾报警控制器的联动功能设置为自动方式后，按下消火栓按钮，消火栓泵依然无法启动；消防控制室也无法手动直接启动消火栓泵，但在消防水泵房通过机械应急启泵装置可以启动水泵。经检查，消火栓泵控制柜一直处于自动状态。

3. 气体灭火系统联动控制功能检测

配电室设有组合分配式气体灭火系统，划分了两个气体灭火保护区。消防技术服务人员在 1# 保护区内加烟触发配电室内一只感烟探测器报警，保护区内声光报警器随之启动，再加烟触发附近的另一只感烟探测器报警，气体灭火器输出联动控制信号，防护区域开口封闭装置启动，立即按下紧急停止按钮，测量气体灭火控制器启动输出端电压为 24 V。

根据以上材料，回答下列问题（共 22 分）：

1. 指出火灾报警控制器存在的问题，并简要说明原因。

2. 指出消防技术服务机构检测人员处理设备屏蔽的方式是否正确，并说明理由。水流指示器一直故障的原因可能有哪些？

3. 指出红外光束感烟火灾探测器设置及功能测试中不符合规范之处，并说明理由。

4. 指出消火栓系统的消火栓泵自动启动控制是否符合规范要求，并说明理由。

5. 消防控制室无法手动启泵的故障原因可能有哪些？

6. 指出配电室气体灭火系统联动控制功能不符合规范之处，并说明理由。

第五题

某一级耐火等级的酒店，建筑高度为135 m，下部设置3层地下室（室内与室外出入口地坪高差为12 m）和4层裙房，裙房的建筑高度为23.4 m，采用框架剪力墙结构，高层主体东侧为酒店主入口，北侧设置员工出入口。建筑周围设置宽度为6 m的环形消防车道；建筑主体长边70 m，沿建筑高层主体东侧连续设置了长度为60 m、宽度为16 m的消防车登高操作场地，消防车登高操作场地距离建筑外墙12 m，场地坡度5%。

地下一层设置总建筑面积为 6 800 m² 的商店，总建筑面积 950 m² 的卡拉OK厅和1个建筑面积为 280 m² 的舞厅，卡拉OK区域每个房间面积小于 50 m²，用耐火极限 2.00 h 的防火隔墙分隔，房门均为隔音门。地下二层设置汽车库，地下三层设置消防水池、消防水泵房和汽车库。

裙房的地上一层至三层设置商店，三层还设置有萌娃儿童活动场所，四层设置了餐饮场所和电影院。一层的商店采用轻质墙体在吊顶下将商店隔成每间建筑面积小于 100 m² 的多个小商铺，每间商铺的门口均通向主要疏散通道。裙房与高层主体之间用防火墙和甲级防火门进行了分隔，裙房和建筑的地下部分均按国家标准要求的建筑面积和分隔方式划分防火分区。

建筑的安全疏散、内部装修、消防设施均按规范要求设计。

根据以上材料，回答下列问题（共20分）：

1. 指出该建筑在总平面布局方面存在的问题，并说明理由。

2. 指出该建筑在平面布置和防火分隔方面存在的问题，并说明理由。

3. 该建筑地下一层应如何划分防火分区？请说明理由。

4. 简述该建筑是否需要设置避难层。避难层的设置要求有哪些？

第六题

某地上6层，地下1层，层高3.9 m的仓库，占地面积3 200 m²，每层建筑面积均为2 800 m²。仓库各建筑构件均为不燃性构件，其中屋顶承重构件采用自动喷水灭火系统保护，屋顶为上人平屋顶。仓库耐火极限见下表。

仓库耐火极限

单位：h

构件名称	防火墙	承重墙	楼梯间的墙	疏散走道两侧的隔墙	非承重外墙	柱	梁	楼板	屋顶承重构件
耐火极限	4.00	3.00	2.00	1.00	0.75	3.00	2.00	1.50	1.00

该仓库业主单位组织相关人员成立检查组，对该仓库进行了一次消防安全检查，检查发现：

仓库一层储存搪瓷和陶瓷制品；二层储存酚醛泡沫及其制品；三层储存油纸、油布等；四层至六层储存动植物油。地下室储存石膏制品，每件石膏制品重50 kg，其木质包装重15 kg。仓库内设自动喷水灭火系统及火灾自动报警系统。

仓库六层内靠一侧外墙设置建筑面积为200 m²的员工宿舍，仓库一层靠外墙一侧设置建筑面积为150 m²的办公室，办公室采用耐火极限不低于2.50 h的防火隔墙和1.00 h的楼板与其他部位分隔，并设置独立的安全出口。

仓库首层设2个疏散大门，两个疏散门之间的距离为4 m，均采用卷帘门。

根据以上材料，回答下列问题（共20分）：

1. 判断该仓库耐火等级。

2. 分析该仓库及其各层的火灾危险性分类。

3. 指出该仓库在层数面积和平面布置方面存在的不符合国家标准的问题，并提出解决方法。

4. 该仓库各层至少应划分几个防火分区?

5. 指出该建筑在安全疏散方面存在的问题,并提出整改措施。

消防安全案例分析
模考通关试卷（四）

第一题

某建筑共5层，总建筑面积1 342.5 m²。一至三层为歌厅，建筑面积918.5 m²。一层西北部为大厅，东北部设有一员工临时休息室，南部设有3个包间，东南角为水吧和仓库。二、三层每层各设8个包间。四、五层为员工宿舍和杂物间。建筑内设置2个直通室外的安全出口，分别位于一层大厅西北角（北出口）、一层仓库东侧（东出口），东出口被堆放的货物封堵。为防盗和隔音，一至三层房间外窗及楼梯间二、三层外窗被封堵，建筑一层的外窗安装有防盗网。

歌厅地面装修均采用地板砖。一层大厅顶棚采用石膏板，墙面部分采用石膏板外加纤维板，表层贴壁纸。二、三层走道顶棚采用石膏板外加亚克力板，走道墙面采用镜面装饰玻璃。歌厅包间内顶棚局部采用石膏板吊顶，其他部分为楼板，墙壁采用海绵软包。

歌厅设有火灾自动报警系统、自动喷水灭火系统、室内消火栓系统、应急照明灯、疏散指示标志和灭火器等消防设施、器材。火灾自动报警系统控制主机电源插头未连接插座，消火栓箱内无水带。楼梯间未设置灯光疏散指示标志。

该建筑的所有权人为郭某，2010年出租给孔某经营歌厅。歌厅负责经营管理人员共3人，分别为实际控制人孔某、歌厅总经理尹某和前台主管郭某某。另有楼层管理人员4人，工作人员8人。

2021年6月17日11时许，工作人员孙某某签收了快递员送来的5箱（共60瓶、18 L）罐装空气清新剂（内含丙烷、正丁烷、异丁烷、甲醇和乙醇等成分），随后将其放置在一楼大厅吧台内靠近电暖器的地面上。近距离高温烘烤导致空气清新剂爆炸燃烧。

火灾发生时，孔某、前台主管郭某某在歌厅一层大厅吧台内。第一次爆炸燃烧发生后，郭某某只顾查看自身衣物受损情况，未立即扑救火灾。孔某见状急忙脚踹、踩踏起火物，但未能有效控制火势。爆炸起火后又接连发生多次爆炸燃烧，造成火势迅速蔓延，孔某和郭某某见状匆匆逃离歌厅。郭某某逃出后掏出手机要报火警，被孔某阻止。燃烧产生的热烟气扩散至一层其他区域并沿楼梯间迅速向上层区域扩散，二、三层包间内人员没有得到发生火灾和疏散的通知，吸入大量灰烬及一氧化碳，导致12人死亡、28人受伤。

火灾调查发现：该歌厅自营业以来，一直未取得消防行政许可，属违法经营。该歌厅未设立消防安全管理组织，未明确消防安全管理人员，未明确各岗位消防安全职责。经营期间该歌厅一直未落实消防安全制度，没有对员工进行消防安全教育培训，未组织员工开展灭火和应急疏散演练，员工不了解所在岗位消防安全职责，不了解场所内消防设施、消防器材名称和用途，不会操作使用消防设施器材，自救逃生能力差。歌厅消防档案缺失，管理混乱。

根据以上材料，回答下列问题（共 20 分，每题 2 分。每题的备选项中，有 2 个或 2 个以上符合题意，至少有 1 个错项。错选，本题不得分；少选，所选的每个选项得 0.5 分）：

1. 根据相关规范性文件规定，下列人员中是消防安全责任人，对本单位、本场所消防安全全面负责的有（　　）。

　　A. 建筑产权人　　　　　　　　　B. 法定代表人
　　C. 主要负责人　　　　　　　　　D. 实际控制人
　　E. 实际管理人

2. 根据《消防法》，该歌厅应履行的职责有（　　）。

　　A. 参加火灾公众责任保险
　　B. 对职工进行岗前消防安全培训，定期组织消防安全培训和消防演练
　　C. 保障疏散通道、安全出口、消防车通道畅通，保证防火分区、防烟分区、防火间距符合消防技术标准
　　D. 建立消防档案，确定消防安全重点部位，设置防火标志，实行严格管理
　　E. 按照国家标准、行业标准配置消防设施、器材，设置消防安全标志，并定期组织检验、维修，确保完好有效

3. 该歌厅自营业以来，一直未取得消防行政许可。根据《消防法》，对这一消防违法行为处理正确的是（　　）。

　　A. 由消防救援机构依职权直接对违法行为做出处罚
　　B. 由消防救援机构责令限期改正，逾期不改的，再进行处罚
　　C. 逾期不改的，处以 10 万元罚款
　　D. 停产停业，并处 10 万元罚款
　　E. 停产停业，并处 2 万元罚款

4. 在火灾应急处置过程中，孔某存在的违法行为有（　　）。

　　A. 发现火灾时未及时组织、引导在场人员疏散
　　B. 阻止郭某某报警
　　C. 发现火灾时未及时报警
　　D. 脚踹、踩踏起火物，但未能有效控制火势
　　E. 发生火灾未立即组织力量扑救

5. 下列人员中应当接受消防安全专门培训的有（　　）。

　　A. 消防控制室的值班、操作人员　　　　B. 单位的消防安全责任人

C. 专、兼职消防管理人员　　　　　　D. 消防安全管理人

E. 单位新上岗的员工

6. 根据《机关、团体、企业、事业单位消防安全管理规定》，灭火和应急疏散预案中的组织机构包括（　　）。

A. 灭火行动组　　　　　　　　　　　B. 通讯联络组

C. 疏散引导组　　　　　　　　　　　D. 指挥领导组

E. 安全防护救护组

7. 关于灭火和应急疏散预案，下列表述不正确的是（　　）。

A. 消防安全重点单位应当制定灭火和应急疏散预案，非消防安全重点单位可以根据需要制定灭火和应急疏散预案

B. 发现火灾后，应立即向"119"火警台（"三台合一"的地区为"110"指挥中心）报警，同时向本单位值班领导和有关部门报告

C. 开展灭火和应急疏散预案演练应准备必要的应急抢险物资、办公设备、演示文档、地图、软件等物资设备

D. 消防安全重点单位应当按照灭火和应急疏散预案，至少每年进行一次演练，并结合实际，不断完善预案

E. 制定灭火和应急疏散预案，应在大量细致的调查研究和收集客观资料的基础上，成立预案编制工作组，制订预案编制工作计划，组织开展预案编制工作

8. 根据《机关、团体、企业、事业单位消防安全管理规定》，该歌厅的消防安全制度应该包括以下（　　）内容。

A. 消防安全教育、培训　　　　　　　B. 火灾隐患整改

C. 重大火灾隐患挂牌督办制度　　　　D. 消防安全评估制度

E. 用火、用电安全管理

9. 下列消防违法行为中，应当责令改正的是（　　）。

A. 东侧安全出口被堆放的货物封堵

B. 一至三层房间外窗及楼梯间二至三层外窗被封堵，建筑一层的外窗安装有防盗网

C. 火灾自动报警系统控制主机电源插头未连接插座

D. 消火栓箱内无水带

E. 孔某阻止郭某某报火警

10. 消防安全重点单位应当建立健全消防档案。消防档案应当包括消防安全基本情况和消防安全管理情况。下列内容属于消防安全基本情况的是（　　）。

A. 单位基本概况和消防安全重点部位情况

B. 消防管理组织机构和各级消防安全责任人

C. 灭火和应急疏散预案的演练记录

D. 新增消防产品、防火材料的合格证明材料

E. 火灾隐患整改制度

第二题

华北地区某医院门诊和病房楼，地上10层，地下3层，建筑高度40 m，总建筑面积108 600 m²。其中，地下总建筑面积24 600 m²，地下3层，每层层高为4 m，为汽车库及设备用房，设计停车位550个；地上总建筑面积84 000 m²，每层层高为4 m，一至三层为门诊、化验室和手术室，四至十层为住院病房。

该建筑室外消防给水由市政供水管引入一条DN200的管道供给，并在该地块内形成环状管网，市政供水管道压力为0.25 MPa，满足医院室外消防用水量和水压，医院的生产、生活用水可以忽略。该建筑室外消火栓系统设计流量为40 L/s，室内消火栓系统设计流量为20 L/s，医院设置自动喷水灭火系统，设计流量为60 L/s。地下一层设有消防水池和消防水泵房，室内、外消火栓系统设置单格消防水池，水池有效容积为300 m³；消防水泵房布置室内消火栓水泵组和自动喷水灭火系统泵组，消防水泵重量1 t。消防水泵房采用耐火极限不低于1.50 h的隔墙和1.50 h的楼板与其他部位隔开，开向疏散走道的门采用甲级防火门；水泵房内设置固定吊钩；消防水泵房的主要通道宽度为1 m。

屋顶设消防水箱间和稳压泵，为建筑提供火灾初起用水，消防水箱的有效容积为50 m³，水箱间为长方形，底面积10 m²。高位消防水箱进水管管径为DN32，充满水的时间为10 h；进水管在溢流管以上接入，进水管口的最低点高出溢流边缘的高度为200 mm，进水管设置浮球阀；设置虹吸破坏孔和真空破坏器，虹吸破坏孔的孔径为20 mm。溢流管的直径为65 mm，溢流管的喇叭口直径为100 mm。高位消防水箱出水管管径为DN100，位于高位消防水箱最低水位处，出水管设置止回阀；高位消防水箱的出水管设置带有指示启闭装置的阀门。

医院委托消防设施维护保养机构对医院的消防设施进行维护管理。其中对消防给水系统的保养记录显示：

1. 在3月、6月、9月、12月对高位消防水箱的水位等进行一次检测，最后一次记录显示：

（1）高位消防水箱玻璃水位计两端的角阀置于打开状态。

（2）高位消防水箱的水位为4 m。

（3）每周对高位消防水箱室内温度和水温检测，室温为8 ℃。

2. 在3月、6月、9月、12月对消火栓和水泵接合器的检测记录显示：

（1）开启消防水泵，对地下车库一个消火栓的水压测试出水压力为0.14 MPa，水量为20 L/s。

（2）开启消防水泵，测得最有利点消火栓栓口动压力为0.6 MPa。

（3）最不利点消火栓栓口静水压力为0.07 MPa。

（4）对消火栓进行一次外观和漏水检查，未有损坏和漏水。

（5）对消防水泵接合器的接口及附件进行检查，闷盖齐全，未有损坏和渗漏。

3. 消防水泵和稳压泵的检查记录显示：

（1）每月手动启动消防水泵运转一次，供电正常。

（2）每月通过打开最不利点消火栓检测自动启动消防水泵运转一次。

（3）每季度对消防水泵的出流量和压力试验。

（4）每月对气压水罐的压力和有效容积进行一次检测，压力为设计参数。

（5）每日对稳压泵的停泵压力、启泵压力、启泵次数等进行检查和记录运行情况，其停泵次数为 10 次 /h。

根据以上材料，回答下列问题（共 18 分，每题 2 分。每题的备选项中，有 2 个或 2 个以上符合题意，至少有 1 个错项。错选，本题不得分；少选，所选的每个选项得 0.5 分）：

1. 该医院建筑消防给水及消火栓系统设置符合规范的有（　　）。
   A. 室内消防给水设置合用的单格消防水池
   B. 消防水池的有效容积为 300 m^3
   C. 室内消火栓系统采用由稳压泵稳压的临时高压消防给水系统
   D. 室外消火栓系统采用低压消防给水系统
   E. 市政供水管由一条 DN200 的管道引入医院建筑

2. 该建筑消防水箱设置正确的有（　　）。
   A. 消防水箱的容积为 50 m^3
   B. 消防水箱设在屋顶消防水箱间
   C. 消防水箱设置就地水位显示装置，报警水位设为最低水位处
   D. 消防水箱设置溢流水管和排水设施，并应采用间接排水
   E. 高位消防水箱采用热浸镀锌钢板

3. 屋顶消防水箱进水管设置不符合《消防给水及消火栓系统技术规范》的有（　　）。
   A. 高位消防水箱进水管管径
   B. 高位消防水箱所需充水时间
   C. 进水管的安装位置
   D. 设置的浮球阀
   E. 设置的虹吸破坏孔

4. 屋顶消防水箱出水管设置不符合《消防给水及消火栓系统技术规范》的有（　　）。
   A. 高位消防水箱出水管管径
   B. 高位消防水箱出水管安装位置
   C. 设置止回阀
   D. 设置带有指示启闭装置的阀门
   E. 溢流管的管径

5. 通过该医院高位消防水箱的保养记录能够发现的问题有（　　）。
   A. 每季度进行一次高位消防水箱的水位检测
   B. 高位消防水箱玻璃水位计两端的角阀平时置于打开状态
   C. 高位消防水箱的水位为 4 m
   D. 每周对高位消防水箱室内温度和水温检测
   E. 高位消防水箱室内温度为 8 ℃

6. 该医院消火栓和水泵接合器的检测记录存在的问题有（　　）。

A. 每季度对消火栓进行检查
B. 每季度对消防水泵接合器进行检查
C. 最有利点消火栓栓口动压力超压
D. 最不利点消火栓栓口静压力不足
E. 地下车库最不利点消火栓的水压和水量未达到规范的最低要求

7. 该医院消防水泵的检测记录存在的问题有（　　）。
A. 每月检查手动启动消防水泵
B. 每月检查自动启动消防水泵
C. 每季度对消防水泵的出流量和压力试验
D. 每季度对气压水罐的压力和有效容积进行一次检测，压力为设计参数
E. 每日对稳压泵的停泵压力、启泵压力、启泵次数等进行检查和记录运行情况，其停泵次数为 10 次 /h

8. 该医院消防水泵房设置不符合《消防给水及消火栓系统技术规范》的有（　　）。
A. 消防水泵房设置的位置
B. 消防水泵房的楼板和隔墙的耐火极限
C. 消防水泵房疏散门的防火等级
D. 水泵房内设置固定吊钩移动水泵
E. 水泵房内设备布置间距和通道宽度

9. 根据《消防给水及消火栓系统技术规范》，该医院应设置消防排水设施的场所是（　　）。
A. 消防水泵房
B. 消防水箱间
C. 消防配电室
D. 地下车库
E. 消防电梯的井底

第三题

某储存 A 组塑料制品的丙类高架仓库，耐火等级二级，占地面积 3 400 m²，总建筑面积 5 400 m²，建筑高度 23.97 m，建筑层数 1 层（内含夹层）。仓库内货架高 20 m。仓库设置了室外消火栓系统、室内消火栓系统、自动喷水灭火系统以及灭火器。该工程室外消火栓系统由两路市政管网供水，室内消火栓系统由厂区内的消防水池及消防水泵供水。此外，在厂区最高一栋建筑屋顶设有消防水箱及室内消火栓增压稳压设备一套，共同满足室内消火栓水量、水压、水质要求。

自动喷水灭火系统为湿式系统，采用屋顶下洒水喷头与货架内洒水喷头相结合的保护方式。屋顶下洒水喷头为直立型标准覆盖面积洒水喷头（$K=115$，动作温度 68 ℃），喷头溅水盘距顶板 0.16 m；自地面起每 4 m 设置一层货架内置洒水喷头，为下垂型标准覆盖面积洒水喷头（$K=115$，动作温度 68 ℃），最高层货架内置洒水喷头与储存货物顶部的距离为 0.14 m。屋顶下喷淋的设计流量为 95 L/s，货架内喷淋的设计流量为 35 L/s。

验收时发现，打开室内消火栓系统试验用消火栓，消火栓泵自动启动，试验用消火栓

压力表显示值为 0.45 MPa。打开湿式报警阀出口侧的排水阀，报警阀前后压力表同步降低，水力警铃和压力开关未报警，喷淋泵未启动。手动启动喷淋泵后，水力警铃报警。室内消火栓系统和自动喷水灭火系统均未设置水泵接合器。

根据以上材料，回答下列问题（共 20 分）：

1. 确定该仓库危险等级，说明对其货架内洒水喷头的工作压力有何要求。

2. 确定货架内喷淋设计流量时，应按仓库货架内开启多少个喷头计算？该仓库自动喷水灭火系统的设计流量是多少？

3. 喷头的设置与安装存在哪些问题？

4. 分析验收时水力警铃和压力开关未报警的可能原因。

5. 说明该仓库室内消火栓系统和自动喷水灭火系统未设置水泵接合器是否合理。

第四题

某高层公共建筑，地下2层，地上30层。地下各层均为车库及设备用房，地上一至四层为商场，五至三十层为办公楼，商场内设有中庭，贯通一至四层。一至四层中庭回廊按规范要求设置防火卷帘。建筑各处按规范要求设置了火灾自动报警系统、防烟排烟系统以及消防应急照明和疏散指示系统等。某消防技术服务机构对该项目进行年度检查，情况如下：

1. 消防联动控制器功能检测

消防技术服务机构人员断开消防联动控制器与火灾报警控制器之间的连接线，消防联动控制器在50 s内显示故障信息并发出故障声音；恢复消防联动控制器与火灾报警控制器之间的连接线，模拟火灾触发满足防烟风机启动条件的报警信号，消防联动控制器在接收到火灾报警信号后，5 s内发出启动信号。

2. 防火卷帘联动控制功能检测

消防技术服务机构人员将联动控制功能设置为自动工作方式，在一层模拟火灾触发2只火灾探测器报警，发现其所在防火分区的防火卷帘有一樘未动作，其余防火卷帘均下降到地面，但在消防中控室显示所有防火卷帘已动作。现场手动操作，该防火卷帘可正常落下，但在消防中控室控制器复位后，该防火分区的防火卷帘均未升起。

3. 排烟系统联动控制功能检测

消防技术服务机构人员将联动控制功能设置为自动工作方式，一层中庭处模拟火灾触发2只感烟探测器报警，消防联动控制器在30 s内顺利开启了该层所有排烟阀，同时中庭处排烟风机也联动启动。

4. 消防应急照明和疏散指示系统功能检测

系统由一台应急照明集中控制器、应急照明集中电源、消防应急灯具组成，应急照明控制器显示工作正常，现场发现3个消防应急标志灯不同程度损坏；消防控制室发出十层以上应急转换联动控制信号,十层以上除十一层、十二层以外的消防应急灯具均转入应急工作状态。

5. 消防控制室图形显示装置功能检测

图形显示装置能显示建筑内各消防用电设备的供电电源和备用电源的工作状态,能显示日常防火巡查记录;接收火灾报警控制器发出的火灾报警信号后,能在10 s内进入火灾报警状态,显示相应信息。但图形显示装置无法对控制器进行复位操作。

根据以上材料,回答下列问题(共22分):

1. 该建筑消防联动控制器功能检测过程中的功能是否正常?消防联动控制器功能检测还应包含哪些内容?

2. 该建筑防火卷帘的联动控制功能是否正常?未下落的防火卷帘故障原因可能有哪些?

3. 该建筑排烟系统的联动控制功能是否正常?为什么?

4. 对3个损坏的消防应急标志灯应更换成什么类型的消防应急灯具?十一层、十二层的消防应急灯具未转入应急工作状态的原因是什么?

5. 该建筑消防控制室图形显示装置功能检测过程中的功能是否正常？为什么？图形显示装置功能检测还应包含哪些内容？

第五题

某购物中心地下2层，地上4层。建筑高度24 m，耐火等级二级，地下二层室内地面与室外出入口地坪高差为12 m，地下每层建筑面积16 000 m²，地下二层设置汽车库和变配电房，消防水泵房等设备用房及建筑面积5 500 m²的超市；地下一层为商场，设有多部自动扶梯与超市连通，自动扶梯上、下层相连通的开口部位设置防火卷帘，地下商场部分的每个防火分区面积不大于2 000 m²，采用耐火极限为1.50 h的不燃性楼板和防火墙及符合规定的防火卷帘进行分隔，在相邻防火分区的防火墙上均设有向疏散方向开启的甲级防火门，装修材料全部采用不燃材料。

地上一至三层为商场，每层建筑面积12 000 m²，主要经营服装、鞋帽等商品，四层建筑面积5 500 m²，主要为餐厅、游艺厅、儿童游乐厅。游艺厅有2个厅室，建筑面积分别为252 m²、198 m²，游艺厅与其他部位之间均采用不到顶的玻璃隔断、玻璃门与其他部位分隔，安全出口符合规范规定。

购物中心外墙外保温系统的保温材料采用模塑聚苯板（B_2级），保温材料与基层墙体、装饰层之间有空腔，在楼板处每隔一层用防火封堵材料对空腔进行防火封堵。

购物中心按规范配置了室内外消火栓系统、自动喷水灭火系统、防烟排烟系统和火灾自动报警系统等消防设施。

根据以上材料，回答下列问题（共20分）：

1. 指出地下部分平面布置方面存在的问题，并说明理由。

2. 指出地上部分平面布置方面存在的问题，并说明理由。

3. 该建筑内排烟风机的控制方式有哪些？

4. 指出该购物中心外墙外保温系统防火措施存在的问题，并说明理由。

第六题

某制鞋厂房东西长 80 m，南北宽 36 m，地上 3 层，建筑高度 16.8 m，地下 2 层，地下二层楼板距地面室外高差为 11 m，地下每层建筑面积为 2 000 m²，其屋面板采用不燃材料，为可上人的平屋面。楼板为预应力钢筋混凝土材料，其他建筑构件的燃烧性能和耐火极限见下表。

建筑构件的燃烧性能和耐火极限　　　　　　　　单位：h

构件名称	防火墙	承重墙	楼梯间的墙	疏散走道两侧的隔墙、屋顶承重构件、屋面	楼板	房间隔墙	非承重外墙
燃烧性能	不燃性	不燃性	不燃性	不燃性	不燃性	难燃性	不燃性
耐火极限	3.00	2.50	2.00	1.00	0.75	0.75	0.25

该厂房地下一层为仓库、锅炉房和变配电室（每台装油量大于 60 kg），三种功能房间一字形排开，锅炉房位于中间。临时储存物质为原料皮消毒所用的环氧乙烷（爆炸下限 3%），仓库用防火墙和甲级防火门与其他部位分隔。锅炉房用耐火极限为 1.50 h 的防火隔

墙和 1.50 h 的不燃性楼板与其他部位分隔。

地下二层布置消防水泵房、消防控制室。泵房与消防控制室采用耐火极限为 1.50 h 的防火隔墙和 1.50 h 的不燃性楼板与其他部位分隔。地上二层中间部位布置一个中间仓库，储存物质为不超过一昼夜的在生产过程中使用的大量的皮革、PU 皮、橡胶底、泡沫、脱毛工艺时所用的二甲胺［爆炸下限为 2.8%（体积分数）］，用防火墙和耐火极限不低于 1.00 h 的不燃性楼板与其他部位分隔。地上楼层在对角处设置两部封闭楼梯间，楼梯间的门采用能阻挡烟气的双向弹簧门，三层设一部室外楼梯。

地下部分封闭楼梯间在首层用耐火极限 1.50 h 的防火隔墙与车间分隔，厂房按要求设置了报警系统和自动喷水灭火系统。

根据以上材料，回答下列问题（共 20 分）：

1. 判断该厂房的耐火等级，确定厂房内二层中间仓库、地下原料库、锅炉房、变配电室和该制鞋厂的火灾危险性。

2. 指出该厂房平面布置和防火分隔构件中存在的不符合现行国家消防标准规范的问题，并给出解决方法。

3. 该厂房各层分别应至少划分几个防火分区？

4. 指出该建筑在安全疏散方面存在的问题,并提出整改措施。

5. 二层中间仓库应采取哪些防爆措施?

消防安全案例分析模考通关试卷（五）

第一题

某大型商厦，地上5层，地下3层，总建筑面积75 000 m²。地上部分经营服装鞋帽和床上用品。地下一层为发电机房、消防水泵房、空调机房、排烟风机房等设备用房，地下二、三层为汽车库。该商厦的法定代表人为陈某，自2021年4月起聘请注册消防工程师赵某担任消防安全管理人。

2021年9月16日，当地消防救援机构对该商厦进行消防监督检查，赵某陪同检查并汇报了自己入职以来的该商厦的消防安全管理情况：（1）组织制定消防安全制度和保障消防安全的操作规程，包括消防安全教育、培训；防火巡查、检查；消防控制室值班；消防设施、器材维护管理；志愿消防队的组织管理；用火、用电安全管理；灭火和应急疏散预案演练；消防安全工作考评和奖惩。（2）组织实施防火检查和火灾隐患整改。该商厦在营业期间每日组织防火巡查，每日营业结束后还要再组织防火检查，消除遗留火种。（3）组织实施对本单位消防设施、灭火器材和消防安全标志的维护保养。（4）在员工中组织开展消防知识、技能的宣传教育和培训，对每名员工至少每年进行一次消防安全培训，培训内容包括初期火灾扑救、如何使用灭火器灭火、自救逃生注意事项等。（5）制定了灭火和应急疏散预案，每年进行一次应急预案的演练。

随后，消防救援机构开始进行实地检查。检查中发现下列问题：商厦的火灾自动报警系统损坏。商厦所使用的华龙牌灭火器为不合格产品，且个别灭火器被用来挡住常闭式防火门，以方便员工进出运输货物。商厦一层的储藏室内存放着装修剩余的油漆3桶（每桶容量12 L）。商厦更衣室的内墙用胶合板进行围挡、分隔。三层西侧的防火卷帘下堆放货架。五层南侧一室内消火栓内无水带。

消防救援机构随机对商厦售货员黄某就灭火器如何使用进行询问，黄某表示她才上岗两天，没有接受过培训。在消防控制室进行检查时，当询问值班人员发现火灾该如何处置时，两名值班人员面面相觑，回答不上来。经进一步询问发现二人均未取得消防行业特有工种职业资格证书。

对该商厦外围进行检查时，发现该商厦的消防车道被顾客停放的私家车占用。商厦西侧二、三层的窗户外悬挂着巨型广告牌。

根据以上材料，回答下列问题（共 20 分，每题 2 分。每题的备选项中，有 2 个或 2 个以上符合题意，至少有 1 个错项。错选，本题不得分；少选，所选的每个选项得 0.5 分）：

1. 该商厦的法定代表人陈某应该履行的消防安全职责包括（　　）。
   A. 贯彻执行消防法规，保障单位消防安全符合规定，掌握本单位的消防安全情况
   B. 组织防火检查，督促落实火灾隐患整改，及时处理涉及消防安全的重大问题
   C. 拟订消防安全工作的资金投入和组织保障方案
   D. 在员工中组织开展消防知识、技能的宣传教育和培训，组织灭火和应急疏散预案的实施及演练
   E. 将消防工作与本单位的生产、科研、经营、管理等活动统筹安排，批准实施年度消防工作计划

2. 根据《注册消防工程师继续教育实施办法》，为不断提高职业素养和执业能力，赵某应参加继续教育。下列关于注册消防工程师继续教育表述正确的是（　　）。
   A. 注册消防工程师在每一注册有效期内应当达到规定的继续教育要求，参加继续教育是逾期初始注册和延续注册的必备条件
   B. 注册消防工程师继续教育的对象是年龄未超过 60 周岁，且已经取得"中华人民共和国注册消防工程师资格证书"的人员
   C. 注册消防工程师继续教育可以采取集中面授、网络教学、实操培训等多种形式进行
   D. 注册消防工程师每年接受继续教育的时间累计不少于 24 学时
   E. 注册消防工程师继续教育以消防法律法规和职业道德、消防技术标准、消防安全管理规范和消防安全领域的新技术、新标准等为主要内容

3. 根据《机关、团体、企业、事业单位消防安全管理规定》，下列违反消防安全规定的行为，应当当场改正的有（　　）。
   A. 商厦的火灾自动报警系统损坏
   B. 个别灭火器被用来挡住常闭式防火门
   C. 常闭式防火门处于开启状态
   D. 三层西侧的防火卷帘下堆放货架
   E. 商厦西侧二、三层的窗户外悬挂着巨型广告牌

4. 根据《消防控制室通用技术要求》，下列应急处置表述正确的是（　　）。
   A. 接到火灾警报后，2 名值班人员应立即以最快方式进行现场确认
   B. 火灾确认后，值班人员应立即确认火灾报警联动控制开关处于自动状态
   C. 火灾确认后，应首先向单位负责人报告
   D. 拨打"119"报警，报警时应说明着火单位地点、起火部位、着火物种类、火势大小、报警人姓名和联系电话
   E. 火灾确认后，值班人员应立即启动单位内部应急疏散和灭火预案

5. 该商厦应制定灭火和应急疏散预案并定期实施演练，下列表述正确的是（　　）。

A. 该商厦应当至少每年进行一次灭火和应急疏散预案演练，并结合实际，不断完善预案

B. 按演练内容划分，应急预案演练可以分为专项演练和综合演练

C. 发现火灾时，起火部位现场员工应当于 3 min 内形成灭火第一战斗力量，在第一时间内采取灭火、报警、疏散等措施

D. 商厦在演练实施过程中，应对演练过程进行记录。演练记录应记明演练的时间、地点、内容、参加部门以及人员等

E. 灭火和应急疏散预案演练结束后，指挥机构应组织相关部门或人员总结讲评会议，形成书面报告，指出通过演练发现的主要问题以及对预案修订和预案演练提出意见或建议

6. 对于商厦存在的火灾隐患，属于重大火灾隐患综合判定要素的是（　　）。

A. 商厦的火灾自动报警系统损坏

B. 商厦一层的储藏室内存放着装修剩余的油漆 3 桶（每桶容量 12 L）

C. 商厦更衣室的内墙用胶合板进行围挡、分隔

D. 商厦的消防车道被顾客停放的私家车占用

E. 商厦西侧二、三层的窗户外悬挂着巨型广告牌

7. 对于商厦使用不合格的灭火器的行为，下列处理正确的是（　　）。

A. 责令限期改正；逾期不改正的，对商厦处 5 000 元以上 50 000 元以下罚款

B. 责令限期改正；逾期不改正的，对商厦处 5 000 元以上 10 000 元以下罚款

C. 逾期不改正的，对直接负责的主管人员和其他直接责任人员处 500 元以下罚款

D. 逾期不改正的，对直接负责的主管人员和其他直接责任人员处 500 元以上 2 000 元以下罚款

E. 消防救援机构应当将华龙牌灭火器为不合格产品的情况通报产品质量监督部门、工商行政管理部门

8. 关于防火巡查和防火检查，下列表述正确的有（　　）。

A. 该商厦应当进行每日防火巡查，并确定巡查的人员、内容、部位和频次

B. 防火巡查人员发现违章行为和火灾危险，应当立即报告

C. 营业结束时商厦应当对营业现场进行检查，消除遗留火种

D. 商厦应当至少每月进行一次防火检查

E. 该商厦防火检查和防火巡查未落实到位

9. 该商厦对员工开展宣传教育和培训内容应当包括（　　）。

A. 如何报告火警

B. 自救逃生的知识和技能

C. 如何组织、引导在场群众疏散

D. 消防设施的维修、保养

E. 消防法规

10. 根据相关法律法规，下列人员中需要持证上岗的有（   ）。
   A. 进行电焊、气焊等具有火灾危险作业的人员
   B. 单位的消防安全责任人
   C. 消防安全管理人
   D. 自动消防系统的操作人员
   E. 专、兼职消防管理人员

第二题

华北南部某城市工业园区内建设物流公司，占地 38 400 m²，该地块为长方形，南北长 320 m，东西宽 120 m。该公司建有 1 栋 6 层办公楼，高 18 m，每层建筑面积 500 m²，耐火等级二级，设置有室外消火栓系统和室内消火栓系统。建设 8 栋 3 层仓库，从南到北两排，一排 4 栋，仓库高 15 m，每层建筑面积 700 m²，耐火等级二级。仓库主要用于存放谷物，面粉，中药材，鱼、肉食品加工原料和棉、毛、丝、麻、人造纤维等织物，不设货架，采用堆垛存储。仓库区设置室外消火栓系统、室内消火栓系统、自动喷水灭火系统和火灾报警系统以及干粉灭火器。建设 1 个地上停车场，停车位 50 个。

物流公司连接两条市政给水干管为仓库区提供消防给水，供水压力为 0.2 MPa，供水流量为 20 L/s，直接供给室外消火栓，室外消防给水引入管设有倒流防止器，经水力计算，火灾时水力最不利点室外消火栓的出流量为 10 L/s，供水压力从地面算起约为 0.08 MPa。

仓库区采用临时高压合用室内消防给水系统，高位消防水箱设置在办公楼屋顶，距离最远的 10 号仓库最不利点的喷头压力为 0.05 MPa，设置稳压泵和气压罐。物流仓储区仓库的自动喷水灭火系统的设计流量为 50 L/s。该厂区集中设一座消防水池和消防水泵房。室内消火栓系统和自动喷水灭火系统设置一用一备消防水泵。消防水泵房设置消防水泵控制柜，控制柜连接火灾自动报警系统。每座仓库内设置独立的湿式报警阀，消防控制室设置在办公楼内。

根据以上材料，回答下列问题（共 18 分，每题 2 分。每题的备选项中，有 2 个或 2 个以上符合题意，至少有 1 个错项。错选，本题不得分；少选，所选的每个选项得 0.5 分）：

1. 该物流厂区消防给水设计流量符合《消防给水及消火栓系统技术规范》的是（   ）。
   A. 仓库室外消防给水的设计流量为 25 L/s
   B. 仓库室外消防给水的设计流量为 35 L/s
   C. 办公楼室内消防给水的设计流量为 10 L/s
   D. 仓库的室内消防给水的设计流量为 62.5 L/s
   E. 厂区临时高压消防给水设计流量为 75 L/s

2. 该物流厂区消防用水量计算正确的是（   ）。
   A. 仓库区消防给水用量为 873 m³
   B. 仓库区室外消防给水用量为 270 m³
   C. 仓库区室内消防给水用量为 495 m³
   D. 办公楼消防给水用量为 288 m³
   E. 厂区消防给水用量为 1 161 m³

3. 该物流厂区设置的室外消火栓数量和水泵接合器设置数量符合《消防给水及消火栓系统技术规范》的是（　　）。

A. 设置室外消火栓 3 个　　　　　　B. 设置室外消火栓 4 个

C. 设置室外消火栓 5 个　　　　　　D. 每个仓库不设置水泵接合器

E. 办公楼设置水泵接合器 2 个

4. 该物流厂区室外消火栓数量和水泵接合器设置位置符合《消防给水及消火栓系统技术规范》的是（　　）。

A. 室外消火栓与停车场最近一排汽车的距离为 8 m

B. 在室外消防给水引入管的倒流防止器后设置室外消火栓

C. 消防水泵接合器距室外消火栓 5 m

D. 消防水泵接合器距室外消防水池 20 m

E. 办公楼水泵接合器安装在墙壁距地面 0.70 m 处，与墙面上的门、窗、孔、洞的净距离为 3 m

5. 该物流厂区消防水池采用两路可靠消防供水，消防水池设置符合《消防给水及消火栓系统技术规范》的是（　　）。

A. 消防水池容积 495 m^3　　　　　　B. 消防水池容积 657 m^3

C. 消防水池容积 873 m^3　　　　　　D. 设两格能独立使用的消防水池

E. 消防水池补水时间为 96 h

6. 该物流厂区高位消防水箱设置符合《消防给水及消火栓系统技术规范》的是（　　）。

A. 消防水箱容积 36 m^3

B. 消防水箱容积 18 m^3

C. 高位消防水箱采用不锈钢板制造

D. 高位消防水箱在办公楼屋顶露天设置，进、出水管的阀门加装锁具

E. 该厂区水箱冬季需采取防冻措施，使水温高于 0 ℃

7. 该物流厂区消防管网的泄漏量为 0.1 L/s，消防水箱流量开关启动流量为 1 L/s。稳压泵设计符合《消防给水及消火栓系统技术规范》的是（　　）。

A. 设置两台单吸单级离心泵作为稳压泵

B. 设置一台单吸多级离心泵作为稳压泵

C. 稳压泵设计流量为 0.5 L/s

D. 稳压泵设计流量为 2 L/s

E. 设置有效储水容积 100 L 的气压水罐

8. 该物流厂区消防控制室设置正确的是（　　）。

A. 消防控制室设置在办公楼一层，与物流调度中心和安全监控中心集中布置

B. 采用耐火极限不低于 2.00 h 的防火隔墙和 1.50 h 的楼板与其他部位分隔

C. 开向建筑内的门采用乙级防火门

D. 设备采用双列布置，面盘前的操作距离为 1.5 m

E. 设备面盘后的维修距离为 0.5 m

9. 该物流厂区消火栓泵和自动喷淋泵控制方式正确的是（　　）。

A. 消防联动控制器的手动控制盘能够直接手动控制消火栓泵的启动、停止

B. 当消防联动控制器处于手动状态时，办公楼室内消火栓管网低压压力开关和高位消防水箱出水管上设置的流量开关动作也无法启动消火栓泵

C. 设置在仓库区的消火栓按钮可以直接控制消火栓泵的启动

D. 设置在仓库内的湿式报警阀压力开关动作信号可以直接启动自动喷淋消防泵

E. 消火栓泵的动作信号、水流指示器、信号阀、压力开关、喷淋消防泵的启动和停止的动作信号能够反馈至消防联动控制器

第三题

某综合教学楼共 5 层，建筑高度为 23.9 m，设有消火栓系统、自动喷水灭火系统、火灾报警系统、灭火器等消防设施。该教学楼的消防水池和水泵房独立设置在教学楼北侧，水池有效容积为 200 m³，供应室内消火栓系统和自动喷水灭火系统的灭火用水。教学楼屋顶设置消防水箱间，内有 12 m³ 消防水箱、稳压泵及屋顶试验用消火栓。室内消火栓箱内有 DN65 消火栓、25 m 长水带、19 mm 水枪及消防软管卷盘，消火栓最大布置间距为 31 m。自动喷水灭火系统采用 ZSTX15-68 ℃喷头，最大布置间距为 4.2 m。系统的两个湿式报警阀组集中设置于泵房中，系统设计流量为 20 L/s。建筑配置 MF/ABC2 灭火器，均配置于楼道中消火栓箱下部，每个配置点有 2 具灭火器。教学楼三、四层中有一长 25 m、宽 20 m 的阶梯教室，两个出口均在前部，内部未设置灭火器。

建筑建设完工后在对其内部设置的消火栓系统、自动喷水灭火系统和灭火器进行检测时，随机开启某个室内消火栓箱，发现内部组件齐全，消火栓栓口朝前，安装在消火栓箱门轴一侧，消火栓箱门开启最大角度约 100°。检查屋顶消火栓，压力表显示其压力值为 0.1 MPa，开启屋顶消火栓约 1 min 后，压力达到 0.34 MPa。检查湿式报警阀组发现，每个报警阀组的延迟器出口处设球阀排水阀，排水阀出口对准排水漏斗和排水管。系统末端试水装置设于最高层卫生间内，打开其试水阀，压力表显示值先降低后增加，约 1 min 后稳定在 1.0 MPa。

根据以上材料，回答下列问题（共 20 分）：

1. 消防水池和消防水箱的容积是否满足要求？请说明理由。

2. 室内消火栓的布置和安装是否满足要求？请说明理由。

3. 分析屋顶消火栓静压和动压是否满足要求。

4. 分析自动喷水灭火系统存在的问题。

5. 建筑灭火器的配置存在哪些问题？

第四题

某高层商业综合楼地下2层，地上30层，建筑高度105 m，地上一至五层为商场，按规范要求设置了火灾自动报警系统、消防应急照明和疏散指示系统、防烟排烟系统等建筑消防设施。业主委托某消防技术服务机构对消防设施进行了检测，检测过程及结果如下：

1. 火灾自动报警设施功能检测

切断火灾报警控制器的主电源，控制器显示主电源故障，备用电源工作灯点亮；恢复控制器主电源，主电源故障消失，备用电源继续供电。检测人员继续进行火灾报警功能测试，发现五层一商铺内厨房感烟探测器由于经常误报火警被建筑物业消防值班人员屏蔽。

2. 预作用自动喷水灭火系统联动控制功能检测

将联动控制器设置为自动工作方式，在地下一层车库出口附近按下一只手动报警按钮，又加温使附近一只感温火灾探测器报警，消防控制室收到快速排气阀前电动阀动作反馈信号；再加烟使附近一只感烟火灾探测器报警，消防控制室收到预作用阀组动作反馈信号，未收到压力开关动作反馈信号和预作用泵启动反馈信号。但在消防控制室可以手动正常启动预作用泵。

3. 气体灭火系统联动控制功能检测

将联动控制器和气体灭火控制器设置为自动工作方式，断开气体灭火控制器与驱动部件之间连线，气体灭火控制器在120 s内显示故障信息，在高压配电室内按下一只手动报警按钮，配电室内警报器鸣响，加烟使一只感烟火灾探测器报警，测量气体灭火控制器启动输出端电压，25 s后电压为24 V。复位现场设备和气体灭火控制器，按下气体灭火控制器上手动启动按钮，25 s后电压为0。

4. 消防应急照明和疏散指示系统功能检测

在商业综合楼一层切断某集中电源的供电主电源，该集中电源转入蓄电池电源输出，所配接的消防灯具转入应急工作状态，30 min后消防灯具自动熄灭，恢复集中电源供电主电源，配接灯具的光源恢复原工作状态；又切断其所在防火分区正常照明的供电，消防灯具再次转入应急工作状态，恢复所在防火分区正常照明的供电，消防灯具的光源恢复原工作状态。回到消防控制室，在应急照明控制器上手动操作一键启动按钮，系统显示有1个消防应急照明灯具没有进入应急工作状态，其余灯具均进入应急工作状态。

根据以上材料，回答下列问题（共20分）：

1. 指出火灾自动报警系统中存在的问题。感烟探测器为什么会经常误报火警？建筑物业消防值班人员处理误报火警的方式是否正确？

2. 根据现行国家标准《火灾自动报警系统设计规范》，该商业综合楼预作用自动喷水灭火系统的联动控制功能是否正常？为什么？预作用泵一直未启动的原因是什么？

3. 根据现行国家标准，该商业综合楼气体灭火控制器功能是否正常？为什么？气体灭火控制器还应检查哪些功能？

4. 该商业综合楼一层消防应急照明和疏散指示系统功能是否正常？为什么？

5. 该商业综合楼消防应急照明和疏散指示系统在蓄电池电源供电时的持续工作时间至少是多少？有1个消防应急照明灯具一直没有点亮的原因可能有哪些？

第五题

某综合楼地上19层，地下3层，建筑高度为76 m，总建筑面积为27 500 m²。裙房共6层，每层建筑面积为2 200 m²，高层建筑主体与裙房之间未设置防火墙。

综合楼地下三层使用功能为汽车库和储存可燃固体的附属库房，均按建筑面积不大于4 000 m²划分防火分区。地下二层主要使用功能为物业管理用房及燃气锅炉房、通风空气调节机房、消防水泵房、柴油发电机房、变配电室等设备用房，其中变配电室、消防水泵房、燃气锅炉房及柴油发电机房采用耐火极限不低于2.00 h的防火隔墙及1.50 h的不燃性楼板与其他部位分隔。通风空气调节机房采用耐火极限不低于1.00 h的防火隔墙及0.50 h的不燃性楼板与其他部位分隔。设备用房的门均采用了甲级防火门。

地下一层主要使用功能为消防控制室、电影院及商场营业厅。电影院及商场营业厅均按建筑面积不大于 2 000 m² 划分防火分区,每个防火分区设置 2 部直通室外的防烟楼梯间。

主楼地上一层主要使用功能为大堂、咖啡厅、自助餐厅、商场营业厅,每个厅室均设置不少于 2 个疏散门,其室内任一点至最近疏散门的直线距离不大于 35 m,并通过长度不大于 15 m 的疏散走道通至最近的安全出口。主楼的疏散楼梯均可由地下三层直通至屋面。地上二至六层主要使用功能为儿童游乐厅、展览厅、商场营业厅;儿童游乐厅采用耐火极限不低于 2.00 h 的防火隔墙和 1.00 h 的楼板与其他场所或部位分隔,隔墙上的连通门、窗采用乙级防火门、窗。地上七至十八层主要使用功能为办公室,十九层主要使用功能为会议厅、多功能厅,设置一字形走道,厅、室分列走道两侧。厅、室之间及与走道之间均采用耐火极限为 0.50 h 的不燃性墙体分隔。每个厅的疏散门均不少于 2 个,最大的一个多功能厅建筑面积为 650 m²。裙房地上一至六层均按照不大于 5 000 m² 划分防火分区。

地下一层商场营业厅内的顶棚装修材料均采用安装在轻钢龙骨上的矿棉装饰吸声板,墙壁装修材料均采用珍珠岩板,地面装修材料均采用硬 PVC 塑料地板。该建筑内已按现行有关国家工程建设消防技术标准的有关规定设置消防设施。

根据以上材料,回答下列问题(共 20 分):

1. 指出该建筑在耐火等级方面的问题,并简述理由。

2. 该建筑内有一通信机房设有七氟丙烷灭火系统,请明确该系统的灭火设计浓度和设计喷放时间以及泄压口的位置要求。

3. 该建筑内加压送风机的启动要求有哪些?

4. 指出该建筑在安全疏散方面存在的问题，并简述理由。

5. 指出该建筑在内部装修方面存在的问题，并简述理由。

第六题

某服装加工厂房，每层建筑面积 8 000 m²，单层高 5 m。该建筑采用不燃性的耐火极限为 3.00 h 的柱，不燃性的耐火极限为 1.50 h 的可上人平屋顶屋面板，不燃性的耐火极限为 1.00 h 为屋顶承重构件，且采用了自动喷水灭火系统保护。建筑的总平面图如下图所示，其中加油站储存汽油 90 m³，柴油 50 m³，有卸油和加油油气回收系统。

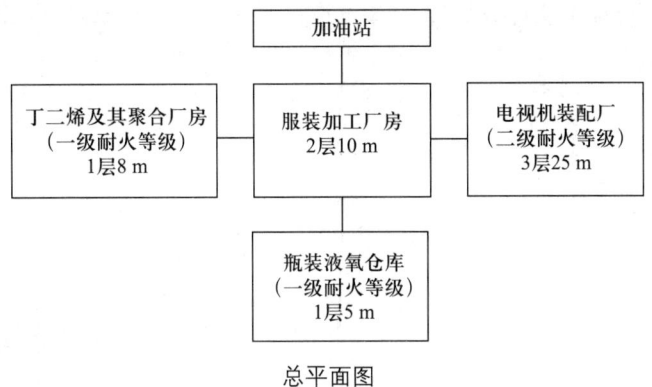

总平面图

服装加工厂房内二层靠中间部位设置建筑面积为 200 m² 的中间仓库，与其他部分采用防火隔墙分隔，设通风口，储存不超过一昼夜用量有机溶剂，主要成分为甲醇和甲苯。在一层东北角设置办公室，采用耐火极限不低于 2.00 h 的防火隔墙与其他部位分隔，办公室有一个门通向生产车间。在二层东北角贴邻外墙布置员工宿舍，并用防火隔墙与其他部位隔开，防火隔墙上设置 1 樘在火灾时能自动关闭的甲级防火门。在一层室内西北角布置面积为 800 m² 的变配电室（每台设备装油量 70 kg），并用防火隔墙与其他部位隔开。

根据以上材料，回答下列问题（共 22 分）：

1. 该服装加工厂房的耐火等级为几级？分别指出该厂房及厂房内的中间仓库、变配电室的火灾危险性类别。

2. 服装加工厂房与加油站内埋地汽油罐的安全距离是多少？与电视机装配厂、瓶装液氧仓库、丁二烯及其聚合厂房储量的防火间距分别不应小于多少米？

3. 服装加工厂房地上各层至少应划分几个防火分区？该厂房在平面布置和防爆措施方面存在哪些问题？

4. 中间仓库内若设置管、沟和下水道，应采取哪些防爆措施？

5. 计算中间仓库的泄压面积。（中间仓库长径比 < 3，$C=0.11\,\mathrm{m^2/m^3}$，$200^{\frac{2}{3}}=34.26$，$1\,000^{\frac{2}{3}}=100.23$）

消防安全案例分析
模考通关试卷（一）参考答案及解析

第一题

1.【参考答案】ADE

【解析】根据《建筑防烟排烟系统技术标准》第5.2.2条规定，排烟风机、补风机的控制方式应符合下列规定：①现场手动启动；②火灾自动报警系统自动启动；③消防控制室手动启动；④系统中任一排烟阀或排烟口开启时，排烟风机、补风机自动启动；⑤排烟防火阀在280℃时应自行关闭，并应连锁关闭排烟风机和补风机。连锁控制是由各消防系统自身设备直接启动受控设备，不依赖于消防联动控制系统，也不应受消防联动控制器处于自动或手动状态影响，连锁控制通过专用线路实现。故选A，不选B。

该排烟防火阀的动作反馈信号能够通过消防联动控制器联动控制排烟风机停止，说明消防模块和排烟防火阀自身没有问题，因此，必然是从排烟防火阀到排烟风机控制柜的连锁控制线路出了问题或是排烟风机控制柜内部故障。故选D、E，不选C。

2.【参考答案】ACDE

【解析】由题干知，办公部分每层划分为3个防火分区，每个防火分区设两部防烟楼梯间。根据《火灾自动报警系统设计规范》第4.5.1条规定，应由加压送风口所在防火分区内的两只独立的火灾探测器或一只火灾探测器与一只手动火灾报警按钮的报警信号，作为送风口开启和加压送风机启动的联动触发信号，并应由消防联动控制器联动控制相关层前室等需要加压送风场所的加压送风口开启和加压送风机启动。

根据《消防设施通用规范》第11.2.6条规定，机械加压送风系统应与火灾自动报警系统联动，并应能在防火分区内的火灾信号确认后15 s内联动同时开启该防火分区的全部疏散楼梯间、该防火分区所在着火层及其相邻上下各一层疏散楼梯间及其前室或合用前室的常闭加压送风口和加压送风机。故选A、C、D，不选B。

根据《建筑防烟排烟系统技术标准》第3.3.6条规定，除直灌式加压送风方式外，楼梯间宜每隔2~3层设一个常开式百叶送风口。当楼梯间的全部加压送风机开启时，百叶送风口会被风力吹开，故选E。

3.【参考答案】ABCD

【解析】2只感烟火灾探测器报警后，常闭送风口均开启，对应的送风机启动，说明送风机联动启动没有问题，因此，应该是编程逻辑问题或消防模块、送风口的动作信号反馈装置或线路上有问题。故不选 E。根据《火灾自动报警系统施工及验收规范》第 4.5.1 条规定，消防联动控制器调试时，应在接通电源前按以下顺序做好准备工作：①应将消防联动控制器与火灾报警控制器连接；②应将任一备调回路的输入/输出模块与消防联动控制器连接；③应将备调回路的模块与其控制的受控设备连接。由此可知，联动控制回路涉及消防联动控制器、消防模块和常闭送风口三个设备及其之间的线路，其中任何一个环节出现故障都会造成风机无法联动启动，故选 B、C、D。

根据《消防联动控制系统》第 4.2.2.9 条规定，消防联动控制器应能通过手动或通过程序的编写输入启动的逻辑关系。消防联动控制器在自动方式下，如接收到火灾报警信号，并在规定的逻辑关系得到满足的条件下，应在 3 s 内发出预先设定的启动信号。故结合题目描述，若消防联动控制器故障，应是内部编程逻辑出了问题，故选 A。

4.【参考答案】ABCE

【解析】根据《消防设施通用规范》第 11.1.5 条规定，加压送风机、排烟风机、补风机应具有现场手动启动、与火灾自动报警系统联动启动和在消防控制室手动启动的功能。当系统中任一常闭加压送风口开启时，相应的加压风机均应能联动启动；当任一排烟阀或排烟口开启时，相应的排烟风机、补风机均应能联动启动。故选 A、C。

根据《火灾自动报警系统设计规范》第 4.5.1 条规定，应由加压送风口所在防火分区内的两只独立的火灾探测器或一只火灾探测器与一只手动火灾报警按钮的报警信号，作为送风口开启和加压送风机启动的联动触发信号，并应由消防联动控制器联动控制相关层前室等需要加压送风场所的加压送风口开启和加压送风机启动。故选 E。根据该规范第 4.5.3 条规定，防烟、排烟风机的启动、停止按钮应采用专用线路直接连接至设置在消防控制室内的消防联动控制器的手动控制盘，并应直接手动控制防烟、排烟风机的启动、停止。故选 B。加压送风机没有机械应急启动功能，故不选 D。

5.【参考答案】ABC

【解析】根据自带电源集中控制型消防应急照明和疏散指示系统的结构，如下图所示，由于灯具自带电源，故没有进入应急点亮状态，不应是电源线问题，故不选 E。从下图可知，

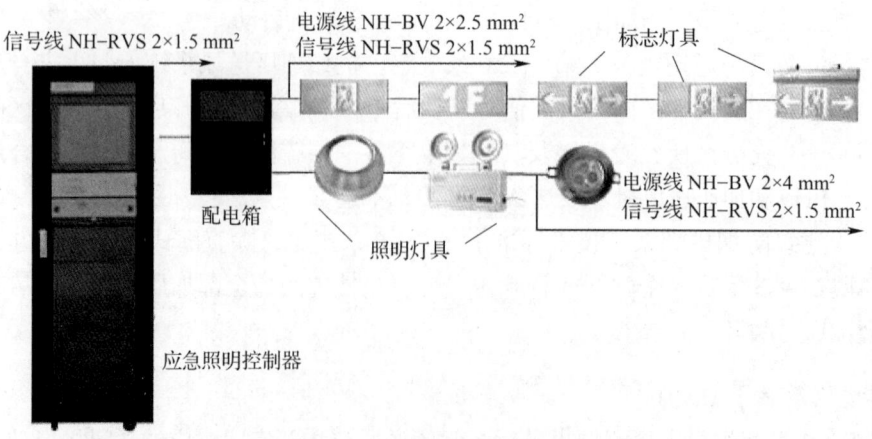

自带电源集中控制型消防应急照明和疏散指示系统结构图

疏散指示标志灯具进入应急点亮状态的控制涉及应急照明控制器、配电箱、灯具和线路。如灯具内部出现故障，有可能造成灯具无法点亮，故选 B。如果该灯具通信线路出了故障，也会造成该灯具报故障，同时无法正常点亮，故选 A。如果应急照明配电箱故障，不会只有一个灯具未进入应急工作状态，故不选 D。如果应急照明控制器出了大的故障，所有灯具都不会点亮，鉴于只有一只标志灯具没有点亮，有可能是联动编程逻辑错误，故选 C。

6.【参考答案】ABDE

【解析】根据《消防应急照明和疏散指示系统技术标准》第 3.2.9 条规定，方向标志灯设置在有维护结构的疏散走道、楼梯时应符合下列规定：①应设置在走道、楼梯两侧距地面、梯面高度 1 m 以下的墙面、柱面上。②当安全出口或疏散门在疏散走道侧边时，应在疏散走道上方增设指向安全出口或疏散门的方向标志灯。③方向标志灯的标志面与疏散方向垂直时，灯具的设置间距应不大于 20 m；方向标志灯的标志面与疏散方向平行时，灯具的设置间距应不大于 10 m。故选 A，不选 C。根据该标准第 4.5.11 条规定，当安装在疏散走道、通道两侧的墙面或柱面上时，标志灯底边距地面的高度应小于 1 m。故选 B。根据该标准第 3.2.10 条规定，楼梯间每层应设置指示该楼层的标志灯。故选 E。根据该标准第 4.5.10 条规定，出口标志灯应安装在安全出口或疏散门内侧上方居中的位置；受安装条件限制标志灯无法安装在门框上侧时，可安装在门的两侧，但门完全开启时标志灯不能被遮挡。故选 D。

7.【参考答案】BCE

【解析】根据《消防应急照明和疏散指示系统技术标准》第 3.6.6 条规定，在非火灾状态下，集中控制型系统主电源断电后，系统的控制设计应符合下列规定：①集中电源或应急照明配电箱应连锁控制其配接的非持续型照明灯的光源应急点亮、持续型灯具的光源由节电点亮模式转入应急点亮模式；灯具持续应急点亮时间应符合设计文件的规定，且不应超过 0.5 h。②系统主电源恢复后，集中电源或应急照明配电箱应连锁其配接灯具的光源恢复原工作状态；灯具持续点亮时间达到设计文件规定的时间，且系统主电源仍未恢复供电时，集中电源或应急照明配电箱应连锁其配接灯具的光源熄灭。因此，非火灾状态下，25 min 后自动熄灭是正常功能，是为保证灯具的蓄电池电源在系统主电源断电后突发火灾时仍能满足相应的持续应急工作时间要求，故不选 A。

根据该标准第 3.6.9 条规定，系统自动应急启动的设计应符合下列规定：应由火灾报警控制器或火灾报警控制器（联动型）的火灾报警输出信号作为系统自动应急启动的触发信号。应急照明控制器接收到火灾报警控制器的火灾报警输出信号后，应自动执行以下控制操作：①控制系统所有非持续型照明灯的光源应急点亮，持续型灯具的光源由节电点亮模式转入应急点亮模式。②控制 B 型集中电源转入蓄电池电源输出、B 型应急照明配电箱切断主电源输出。③ A 型集中电源应保持主电源输出，待接收到其主电源断电信号后，自动转入蓄电池电源输出；A 型应急照明配电箱应保持主电源输出，待接收到其主电源断电信号后，自动切断主电源输出。可知两只探测器报警后，系统中灯具全部点亮是正常功能，故选 B。

根据该标准第 3.2.1.4 条规定，设置在距地面 8 m 及以下的灯具应选择 A 型灯具，即系统中使用的是 A 型应急照明配电箱，故火灾报警后，仍保持主电源输出，故选 E。

根据《建筑防火通用规范》第 10.1.4 条规定，建筑内消防应急照明和灯光疏散指示标志的备用电源的连续供电时间应满足人员安全疏散的要求，且不应小于下表的规定值。故选 C，不选 D。

建筑内消防应急照明和灯光疏散指示标志的备用电源的连续供电时间

建筑类别		连续供电时间 /h
建筑高度大于 100 m 的民用建筑		1.5
建筑高度不大于 100 m 的医疗建筑，老年人照料设施，总建筑面积大于 100 000 m^2 的其他公共建筑		1.0
水利工程，水电工程，总建筑面积大于 20 000 m^2 的地下或半地下建筑		1.0
城市轨道交通工程	区间和地下车站	1.0
	地上车站、车辆基地	0.5
城市交通隧道	一、二类	1.5
	三类	1.0
城市综合管廊工程，平时使用的人民防空工程，除上述规定外的其他建筑		0.5

第二题

1.【参考答案】ABCD

【解析】根据《机关、团体、企业、事业单位消防安全管理规定》和《公安部关于实施〈机关、团体、企业、事业单位消防安全管理规定〉有关问题的通知》所提出的界定标准，建筑面积在 1 000 m^2（含本数）以上且经营可燃商品的商场（商店、市场）；客房数在 50 间以上的（旅馆、饭店）；建筑面积在 200 m^2 以上的公共娱乐场所，均属于消防安全重点单位。开源商业大厦属于建筑面积超过 1 000 m^2 且经营可燃商品的商场，因此，开源商业大厦属于消防安全重点单位。天天便利店建筑面积 560 m^2，不属于消防安全重点单位。乐途宾馆设置了 260 间客房，因此，也属于消防安全重点单位。根据《公共娱乐场所消防安全管理规定》第二条规定，公共娱乐场所，是指向公众开放的下列室内场所：（一）影剧院、录像厅、礼堂等演出、放映场所；（二）舞厅、卡拉 OK 厅等歌舞娱乐场所；（三）具有娱乐功能的夜总会、音乐茶座和餐饮场所；（四）游艺、游乐场所；（五）保龄球馆、旱冰场、桑拿浴室等营业性健身、休闲场所。因此，萌乐宝儿童游乐场属于第四项游艺、游乐场所，乐琪影院属于第一项影剧院、录像厅、礼堂等演出、放映场所，二者都属于公共娱乐场所，且萌乐宝儿童游乐场和乐琪影院都属于建筑面积在 200 m^2 以上的公共娱乐场所，因此都属于消防安全重点单位。符合消防安全重点单位界定标准的单位，应当向所在地的消防救援机构申报备案。同一栋建筑物中各自独立的产权单位或者使用单位，符合重点单位界定标准的，由各个单位分别独立申报备案；建筑物本身符合消防安全重点单位界定标准的，该建筑物产权单位也要独立申报备案。故选 A、B、C、D。

2.【参考答案】BDE

【解析】根据《大型商业综合体消防安全管理规则（试行）》第十三条规定，大型商业综合体内的经营、服务人员应当履行下列消防安全职责：（1）确保自身的经营活动不更改或占用经营场所的平面布置、疏散通道和疏散路线，不妨碍疏散设施及其他消防设施的使用；（2）主动接受消防安全宣传教育培训，遵守消防安全管理制度和操作规程，熟悉本工作场所消防设施、器材及安全出口的位置，参加单位灭火和应急疏散预案演练；（3）清楚了解本单位火灾危险性，会报火警、会扑灭初起火灾、会组织疏散逃生和自救；（4）每日到岗后及下班前应当检查本岗位工作设施、设备、场地、电源插座、电气设备的使用状态等，发现隐患及时排除并向消防安全工作归口管理部门报告；（5）监督顾客遵守消防安全管理制度，制止吸烟、使用大功率电器等不利于消防安全的行为。故选B、D、E。

根据该规则第十二条规定，消防安全管理人应定期向消防安全责任人报告消防安全状况，及时报告涉及消防安全的重大问题，故不选A。

根据该规则第十四条规定，大型商业综合体的保安人员应按照本单位的消防安全管理制度进行防火巡查，并做好记录，发现问题应当及时报告，故不选C。

3.【参考答案】BC

【解析】根据《机关、团体、企业、事业单位消防安全管理规定》第二十六条第一款规定，机关、团体、事业单位应当至少每季度进行一次防火检查，其他单位应当至少每月进行一次防火检查。因此，乐途宾馆应该每月组织一次防火检查，故不选A。

根据《中华人民共和国消防法》（以下简称《消防法》）第七十三条第三项规定，公众聚集场所是指宾馆、饭店、商场、集贸市场、客运车站候车室、客运码头候船厅、民用机场航站楼、体育场馆、会堂以及公共娱乐场所等，因此，乐途宾馆属于公众聚集场所。根据该规定第二十五条第一款和第二款规定，消防安全重点单位应当进行每日防火巡查，公众聚集场所在营业期间的防火巡查应当至少每2 h一次。乐途宾馆不但属于消防安全重点单位，还属于公众聚集场所。因此，乐途宾馆在营业期间的防火巡查应当至少每2 h一次，故选B。

乐途宾馆属于消防安全重点单位。根据《机关、团体、企业、事业单位消防安全管理规定》第四十条规定，消防安全重点单位应当按照灭火和应急疏散预案，至少每半年进行一次演练。故选C。

根据该规定第三十六条第一款和第二款规定，消防安全重点单位对每名员工应当至少每年进行一次消防安全培训。公众聚集场所对员工的消防安全培训应当至少每半年进行一次。故不选D。

根据该规定第十六条规定，公众聚集场所应当在具备规定的消防安全条件后，向当地消防救援机构申报消防安全检查，经检查合格后方可开业使用。故不选E。

4.【参考答案】BE

【解析】根据《大型商业综合体消防安全管理规则（试行）》第七十六条第一款规定，为大型商业综合体建筑整体服务的微型消防站用房应当设置在建筑的首层或地下一层。故不选A。

根据该规则第七十二条第二款规定，微型消防站每班（组）灭火处置人员不应少于6人，且不得由消防控制室值班人员兼任。故选 B。

根据该规则第七十三条第二款规定，专职消防队和微型消防站应当组织开展日常业务训练，不断提高扑救初起火灾的能力。训练内容包括体能训练、灭火器材和个人防护器材的使用等。微型消防站队员每月技能训练不少于半天，每年轮训不少于4天，岗位练兵累计不少于7天。故不选 C。

根据该规则第七十七条规定，建筑面积大于或等于20万 m^2 的大型商业综合体，应当至少设置2个微型消防站。故不选 D。

根据该规则第七十八条规定，微型消防站由大型商业综合体产权单位、使用单位和委托管理单位负责日常管理，并宜与周边其他单位微型消防站建立联动联防机制。故选 E。

5.【参考答案】ABCE

【解析】根据《大型商业综合体消防安全管理规则（试行）》第五十二条规定，施工单位进行施工前，应当依法取得相关施工许可，预先向大型商业综合体消防安全管理人办理相关审批施工手续，并落实下列消防安全措施：（1）建立施工现场用火、用电、用气等消防安全管理制度和操作规程。（2）明确施工现场消防安全责任人，落实相关人员的消防安全管理责任。（3）施工人员应当接受岗前消防安全教育培训，制定灭火应急疏散演练预案并开展演练。（4）在施工现场的重点防火部位或区域，应当设置消防安全警示标志，配备消防器材并在醒目位置标明配置情况，施工部位与其他部位之间应当采取防火分隔措施，保证施工部位消防设施完好有效；施工过程中应当及时清理施工垃圾，消除各类火灾隐患。（5）局部施工部位确需暂停或者屏蔽使用局部消防设施的，不得影响整体消防设施的使用，同时采取人员监护或视频监控等防护措施加强防范，消防控制室或安防监控室内应当能够显示视频监控画面。故选 A、B、E，不选 D。

根据该规则第四十八条第三项规定，动火作业现场应当清除可燃、易燃物品，配置灭火器材，落实现场监护人和安全措施，在确认无火灾、爆炸危险后方可动火作业。故选 C。

6.【参考答案】ABCE

【解析】根据《社会单位灭火和应急疏散预案编制及实施导则》第4.2条规定，预案根据设定灾情的严重程度和场所的危险性，从低到高依次分为一级预案、二级预案、三级预案、四级预案、五级预案五级。故选 A。

根据该导则第6.8.5.1条规定，疏散引导行动应与灭火行动同时进行。故选 B。

根据该导则第5.3.6条规定，多产权、多家使用单位应委托统一消防安全管理的部门编制总预案，各单位、业主应根据自身实际制定分预案。该导则第5.3.3条规定，单位应编制总预案，单位内各部门应结合岗位火灾危险性编写分预案，消防安全重点部位应编写专项预案。故选 C。

根据《大型商业综合体消防安全管理规则（试行）》第六十八条第一款规定，大型商业综合体的产权单位、使用单位和委托管理单位应当根据灭火和应急疏散预案，至少每半年组织开展一次消防演练。故不选 D。

根据该规则第七十条规定，消防演练方案宜报告当地消防救援机构，接受相应的业务指导。总建筑面积大于 10 万 m² 的大型商业综合体，应当每年与当地消防救援机构联合开展消防演练。开源商业大厦的总建筑面积不足 10 万 m²。故选 E。

7.【参考答案】ACDE

【解析】根据《大型商业综合体消防安全管理规则（试行）》第四十条第二款规定，消防控制室值班人员值班期间，对接收到的火灾报警信号应当立即以最快方式确认，如果确认发生火灾，应当立即检查消防联动控制设备是否处于自动控制状态，同时拨打"119"火警电话报警，启动灭火和应急疏散预案。故选 A，不选 B。

根据该规则第四十条第三款规定，消防控制室值班人员值班期间，应当随时检查消防控制室设施设备运行情况，做好消防控制室火警、故障和值班记录，对不能及时排除的故障应当及时向消防安全工作归口管理部门报告。故选 C、D、E。

8.【参考答案】BD

【解析】根据《大型商业综合体消防安全管理规则（试行）》第七十六条规定，微型消防站宜设置在建筑内便于操作消防车和便于队员出入部位的专用房间内，可与消防控制室合用。故不选 A。

根据该规则第四十八条第四项规定，需要动火作业的区域，应当采用不燃材料与使用、营业区域进行分隔。木质胶合板属于可燃材料，故选 B。

乐琪影院属于公共娱乐场所。根据《消防法》第七十三条第三款公众聚集场所的界定和第四款人员密集场所的界定可知，公众聚集场所包含公共娱乐场所，人员密集场所包含公众聚集场所，因此，乐琪影院属于人员密集场所。根据《消防法》第二十六条第二款规定，人员密集场所室内装修、装饰，应当按照消防技术标准的要求，使用不燃、难燃材料。玻璃纤维吸音棉的燃烧性能等级属于 B_1 级，符合《消防法》的规定。故不选 C。

根据该规则第三十四条第二项规定，大型商业综合体内餐饮场所严禁使用液化石油气。故选 D。

根据该规则第十二条规定，消防安全管理人应当具备与其职责相适应的消防安全知识和管理能力，取得注册消防工程师执业资格或者工程类中级以上专业技术职称。暖通工程师职称属于工程类中级专业技术职称，故不选 E。

9.【参考答案】ABCE

【解析】根据《消防安全责任制实施办法》第十五条第三项规定，机关、团体、企业、事业等单位应当落实消防安全主体责任，按照相关标准配备消防设施、器材，设置消防安全标志，定期检验维修，对建筑消防设施每年至少进行一次全面检测，确保完好有效。故选 A。

乐琪影院属于消防安全重点单位。根据该办法第十六条第二项和第三项规定，消防安全重点单位除履行一般单位的消防安全职责外，还应该建立消防档案，确定消防安全重点部位，设置防火标志，实行严格管理；安装、使用电器产品、燃气用具和敷设电气线路、管线必须符合相关标准和用电、用气安全管理规定，并定期维护保养、检测。故选 B、C。

根据《消防法》第三十九条规定，下列单位应当建立单位专职消防队，承担本单位的火灾扑救工作：（一）大型核设施单位、大型发电厂、民用机场、主要港口；（二）生产、储存易燃易爆危险品的大型企业；（三）储备可燃的重要物资的大型仓库、基地；（四）第一项、第二项、第三项规定以外的火灾危险性较大、距离国家综合性消防救援队较远的其他大型企业；（五）距离国家综合性消防救援队较远、被列为全国重点文物保护单位的古建筑群的管理单位。乐琪影院不属于应该建立单位专职消防队的范围，故不选D。

根据《消防安全责任制实施办法》第十七条规定，火灾高危单位包括容易造成群死群伤火灾的人员密集场所、易燃易爆单位和高层、地下公共建筑等单位。乐琪影院属于人员密集场所，一旦发生火灾容易造成群死群伤，因此，属于火灾高危单位。火灾高危单位除了履行一般单位和消防安全重点单位的职责外，还应当履行参加火灾公众责任保险等职责，故选E。

10.【参考答案】ACDE

【解析】根据《大型商业综合体消防安全管理规则（试行）》第六十二条规定，大型商业综合体产权单位、使用单位和委托管理单位的消防安全责任人、消防安全管理人以及消防安全工作归口管理部门的负责人应当至少每半年接受一次消防安全教育培训，培训内容应当至少包括建筑整体情况、单位人员组织架构、灭火和应急疏散指挥架构、单位消防安全管理制度、灭火和应急疏散预案等。故选A、C、D、E。

根据该规则第六十三条第四项的规定，报火警、扑救初起火灾、应急疏散和自救逃生的知识、技能，属于对从业员工进行消防培训的内容。故不选B。

第三题

1.【参考答案】AD

【解析】根据《消防给水及消火栓系统技术规范》第3.6.1条规定，消防给水一起火灾灭火用水量应按需要同时作用的室内、外消防给水用水量之和计算，两座及以上建筑合用时，应取最大者。该建筑消防水池的储水量应满足室内、外消火栓系统用水量和自动喷水灭火系统用水量。该建筑室内消火栓设计流量为40 L/s，室外消火栓设计流量为30 L/s，火灾延续时间3 h。自动喷水灭火系统采用的是湿式系统，系统设计流量为40 L/s，火灾延续时间1 h。

计算消防水池的最小有效容积 V：

$$V=3.6\times（40\times3+30\times3+40\times1）=900（m^3）$$

检测的消防水池容量为700 m^3，小于设计最小容积900 m^3，不符合规范要求，故不选B。消防水池可以设置在地下，也可以设置在建筑高处，故选A。根据该规范第4.3.6条规定，消防水池的总蓄水有效容积大于500 m^3 时，宜设两格能独立使用的消防水池；当大于1 000 m^3 时，应设置能独立使用的两座消防水池。每格（或座）消防水池应设置独立的出水管，故选D，并应设置满足最低有效水位的连通管，选项C中两水池水量不等说明未连通，故不选C。根据该规范第4.3.3条规定，消防水池进水管管径，应计算确定，且不应小于DN100，故不选E。

2.【参考答案】ABE

【解析】根据《消防给水及消火栓系统技术规范》第4.3.7条规定，储存室外消防用水的消防水池或供消防车取水的消防水池，应符合下列规定：

（1）消防水池应设置取水口（井），且吸水高度不应大于 6 m。故选 B，不选 D。

（2）取水口（井）与建筑物（水泵房除外）的距离不宜小于 15 m。故选 A，不选 C。

根据《消防设施通用规范》第 3.0.8 条规定，消防用水与其他用水共用的水池，应采取保证水池中的消防用水量不作他用的技术措施。故选 E。

3. 【参考答案】CD

【解析】根据《消防给水及消火栓系统技术规范》第 7.4.12 条规定，室内消火栓栓口压力和消防水枪充实水柱，应符合下列规定：

（1）消火栓栓口动压力不应大于 0.50 MPa，当大于 0.70 MPa 时必须设置减压装置。故不选 A、B。

（2）高层建筑、厂房、库房和室内净空高度超过 8 m 的民用建筑等场所，消火栓栓口动压力不应小于 0.35 MPa，且消防水枪充实水柱应按 13 m 计算。故不选 E。

4. 【参考答案】DE

【解析】根据《消防给水及消火栓系统技术规范》第 5.3.3 条规定，稳压泵的设计压力应保持系统最不利点处水灭火设施在准工作状态时的静水压力应大于 0.15 MPa。该商业综合体设有稳压设施，故最不利点处的静水压力应大于 0.15 MPa。

该建筑为二类高层建筑，高位消防水箱保障灭火设施初期用水的最不利点为距离水箱高度最近，且水平最远点，故不选 A、B、C；选项 D、E 中最不利点设施压力值符合规范要求，故选 D、E。

5. 【参考答案】AE

【解析】根据《消防给水及消火栓系统技术规范》第 5.2.1 条规定，临时高压消防给水系统的高位消防水箱的有效容积应满足初期火灾消防用水量的要求，并应符合下列规定：

（1）多层公共建筑、二类高层公共建筑和一类高层住宅，不应小于 18 m³，当一类高层住宅建筑高度超过 100 m 时，不应小于 36 m³。

（2）总建筑面积大于 10 000 m² 且小于 30 000 m² 的商店建筑，不应小于 36 m³，总建筑面积大于 30 000 m² 的商店，不应小于 50 m³，当与本条第 1 款规定不一致时应取其较大值。

该建筑属于二类高层公共建筑，考虑一到四层为商场，面积超过 20 000 m² 执行第 2 款，取较大值，应为 36 m³。故选 A。

根据该规范第 5.2.3 条规定，高位消防水箱可采用热浸锌镀锌钢板、钢筋混凝土、不锈钢板等建造。故不选 C。

根据该规范第 5.2.4 条规定，高位消防水箱的设置应符合下列规定：高位消防水箱与基础应牢固连接。故选 E。

根据《消防设施通用规范》第 3.0.10 条规定，屋顶露天高位消防水箱的人孔和进出水管的阀门等应采取防止被随意关闭的保护措施。故不选 B、D。

6. 【参考答案】ACD

【解析】根据《消防设施通用规范》第 3.0.11 条规定，消防水泵的性能应满足消防给水系统所需流量和压力的要求。由题干可知，室外消火栓设计流量为 40 L/s，室内消火栓设计流量为 30 L/s，自动喷水灭火系统采用的是湿式系统，系统设计流量为 40 L/s。故选 A、C、D。

7.【参考答案】BE

【解析】根据《消防给水及消火栓系统技术规范》第 13.1.4 条规定，以自动直接启动或手动直接启动消防水泵时，消防水泵应在 55 s 内投入正常运行，且应无不良噪声和振动。故选 B，不选 A。以备用电源切换方式或备用泵切换启动消防水泵时，消防水泵应分别在 1 min 或 2 min 内投入正常运行。故选 E。根据该规范第 11.0.4 条规定，消防水泵由消防水泵出水干管上设置的压力开关、高位消防水箱出水管上的流量开关，或报警阀压力开关等开关信号应能直接自动启动消防水泵。消防水泵房内的压力开关宜引入消防水泵控制柜内。故不选 C。根据该规范第 11.0.19 条规定，消火栓按钮不宜作为直接启动消防水泵的开关，但可作为发出报警信号的开关或启动干式消火栓系统的快速启闭装置等。故不选 D。

8.【参考答案】DE

【解析】根据《消防给水及消火栓系统技术规范》第 7.3.2 条规定，建筑室外消火栓的数量应根据室外消火栓设计流量和保护半径经计算确定，保护半径不应大于 150 m，每个室外消火栓的出流量宜按 10～15 L/s 计算。题干给出设计流量为 15 L/s，故不选 A。根据该规范第 7.2.5 条规定，市政消火栓的保护半径不应超过 150 m，间距不应大于 120 m。故不选 B。根据该规范第 7.2.6 条规定，市政消火栓应布置在消防车易于接近的人行道和绿地等地点，且不应妨碍交通，并应符合下列规定：（1）市政消火栓距路边不宜小于 0.5 m，并不应大于 2 m；（2）市政消火栓距建筑外墙或外墙边缘不宜小于 5 m。根据该规范第 7.3.1 条规定，建筑室外消火栓的布置除应符合该节的规定外，还应符合该规范第 7.2 节的有关规定，因此，室外消火栓适用该规范第 7.2.6 条市政消火栓的设置要求，故选 D、E。

根据《消防设施通用规范》第 3.0.3 条规定，设置市政消火栓的市政给水管网，平时运行工作压力应大于或等于 0.14 MPa。故不选 C。

第四题

1.【参考答案】

（1）延迟器底部泄水口不出水。延迟器泄水口处节流孔板堵塞，应及时清理。

（2）消防水泵未启动。可能是消防水泵控制柜设置在手动控制状态，应调整到自动控制状态；也可能是压力开关至消防水泵控制柜的线路故障，应检查维修。

【解析】

（1）延迟器是可最大限度地减小因水源压力波动或冲击而造成误报警的一种容积式装置。安装在报警信号管路前端，当水源压力波动和水流冲击造成报警阀误开启时，进入信号管路的水会被延迟器容纳并从其底部的泄水口排出，从而避免了压力开关和水力警铃的误报警。但也要保证在报警阀开启时，延迟器能及时被充满，因此，其泄水口处会设置节流孔板，这样就能保证当报警阀开启时，通过报警信号管路进入延迟器的水量远大于泄水量。节流孔板易被杂质堵塞，如不及时处理将使延迟器失去防止误报警的作用。

（2）消防控制室报警控制器显示了压力开关的报警信号，说明压力开关本身没有故障。

2.【参考答案】

(1) 报警信号管路控制阀关闭。

(2) 传动腔快速注水阀未关闭。

(3) 传动腔与水源侧的连接管上未安装小孔限流阀。

【解析】预作用阀由一个雨淋报警阀和一个特殊单向阀（通常为湿式阀代替）串联组成，其启动控制由雨淋报警阀完成，特殊单向阀仅用于封闭配水管网，以便于配水管网中能够充入用于监测系统状态的压力气体。雨淋报警阀内共有3个腔，除与供水管路连接的水源腔和与配水管路连接的系统腔外，还有传动腔。伺应状态下，传动腔与供水管路相连，充有压力水且与水源腔水压相同。传动腔与水源腔的压力平衡时雨淋报警阀关闭。当传动腔通过联动开启电磁阀或手动开启手动阀泄水泄压时，雨淋报警阀即可自动开启，并且接通报警信号管路，使压力开关和水力警铃报警。

报警信号管路上的控制阀应常开，如该阀关闭，则预作用阀打开时报警信号管路不能进水，压力开关和水力警铃无法报警。

快速注水阀用于预作用阀的复位，应常闭。在预作用阀需要复位关闭时，开启该阀，可快速向传动腔注水，使传动腔压力迅速恢复，以关闭预作用阀，然后快速注水阀应关闭。该阀如未关闭，即使联动开启电磁阀或手动开启手动阀，传动腔压力也无法下降，预作用阀不能开启，压力开关和水力警铃也无法报警。

小孔限流阀安装在由供水管路向传动腔补水的连接管上，其作用是在传动腔由于电磁阀、手动阀或传动管闭式喷头开启而泄水时，使由供水管向传动腔补水的量小于其泄水量，从而保证传动腔压力快速下降，雨淋报警阀能够及时开启。

3.【参考答案】

(1) 手动控制装置设置位置不符合要求，距地面应为1.5 m。

(2) 容器阀上有两个保险销，应拆除下部防安装误动作的保险销。

【解析】

(1) 根据《气体灭火系统设计规范》第5.0.5条规定，自动控制装置应在接收到两个独立的火灾信号时才能启动。手动控制装置和手动与自动转换装置应设在防护区疏散出口的门外便于操作的地方，安装高度为中心点距地面1.5 m。机械应急操作装置应设在储瓶间内或防护区疏散出口门外便于操作的地方。

(2) 容器阀为气体灭火剂储存容器出口的控制阀门，平时用来封存灭火剂，火灾时自动或手动开启释放灭火剂。系统未投入使用前，容器阀上有两个保险销，一个为机械应急启动装置保险销，在需要应急启动容器阀时拔出；另一个用于防止安装时系统误动作，应在系统安装完毕、投入使用前拔出，否则容器阀无法开启。检查发现容器阀上有两个保险销，说明未及时拆除防安装误动作的保险销，将导致火灾时该系统无法通过自动或手动的控制方式正常启动。

4.【参考答案】轻微开启末端试水装置的试水阀（或预作用阀上的注水阀、水位控制阀），模拟系统配水管网漏气，当配水管网压力降至 0.03 MPa 时，充气装置应自动启动向系统充气；加大阀门开启程度，配水管网压力继续降低后，充气装置应向报警控制器报警；关闭末端试水装置的试水阀（或预作用阀上的注水阀、水位控制阀），配水管网压力回升至 0.05 MPa 时，应自动停止充气。

第五题

1.【参考答案】

（1）地下车库干式自动喷水灭火系统喷头选型不符合要求，应安装直立型洒水喷头或干式下垂型洒水喷头。

（2）餐饮厨房的喷头选型不符合要求，应为公称动作温度 93 ℃ 的喷头。

（3）镂空吊顶处喷头的安装位置不合理，当通透面积占吊顶总面积的比例大于 70% 时，喷头应设置在吊顶上方，但喷头溅水盘应与吊顶分开一定距离。

【解析】

（1）根据《自动喷水灭火系统设计规范》第 6.1.4 条规定，干式系统、预作用系统应采用直立型洒水喷头或干式下垂型洒水喷头。

（2）根据该规范第 6.1.2 条规定，闭式系统的洒水喷头，其公称动作温度宜高于环境最高温度 30 ℃。

（3）根据该规范第 7.1.13 条规定，装设网格、栅板类通透性吊顶的场所，当通透面积占吊顶总面积的比例大于 70% 时，喷头应设置在吊顶上方，并符合下列规定：

1）通透性吊顶开口部位的净宽度不应小于 10 mm，且开口部位的厚度不应大于开口的最小宽度。

2）喷头间距及溅水盘与吊顶上表面的距离应符合表 7.1.13（见下表）的规定。

通透性吊顶场所喷头布置要求

火灾危险等级	喷头间距 S/m	喷头溅水盘与吊顶上表面的最小距离 /mm
轻危险级、中危险级 Ⅰ 级	$S \leq 3$	450
	$3 < S \leq 3.6$	600
	$S > 3.6$	900
中危险级 Ⅱ 级	$S \leq 3$	600
	$S > 3$	900

2.【参考答案】

（1）静压不满足要求，应不小于 0.15 MPa。

（2）动压满足要求。

【解析】

（1）自动喷水灭火系统末端试水装置的静压由高位消防水箱和稳压泵维持，《自动喷水灭火系统设计规范》对该值没有要求，但《消防给水及消火栓系统技术规范》对此有明确规定。

根据《消防给水及消火栓系统技术规范》第 5.2.2 条规定，高位消防水箱的设置位置应高于其所服务的水灭火设施，且最低有效水位应满足水灭火设施最不利点处的静水压力，并应按下列规定确定：一类高层公共建筑，不应低于 0.10 MPa。

根据《消防给水及消火栓系统技术规范》第 5.3.3 条规定，稳压泵的设计压力应保持系统最不利点处水灭火设施在准工作状态时的静水压力大于 0.15 MPa。

该商业综合体屋顶设置有稳压泵，因此，应参照该规范第 5.3.3 条的要求。

（2）根据《消防设施通用规范》第 4.0.5 条规定，系统水力计算最不利点处喷头的工作压力应大于或等于 0.05 MPa。

3.【参考答案】

（1）灭火器箱翻盖的开启角度过小，不应小于 100°。

（2）不应将一个楼层的灭火器全部送修，每个楼层送修数量不应超过该楼层灭火器总量的 1/4。

【解析】

（1）根据《建筑灭火器配置验收及检查规范》第 3.2.3 条规定，翻盖型灭火器箱的翻盖开启角度不应小于 100°。

（2）根据该规范第 5.1.2 条规定，每次送修的灭火器数量不得超过计算单元配置灭火器总数量的 1/4。超出时，应选择相同类型和操作方法的灭火器替代，替代灭火器的灭火级别不应小于原配置灭火器的灭火级别。

根据《建筑灭火器配置设计规范》第 7.2.1 条规定，灭火器配置设计的计算单元应按下列规定划分：

1）当一个楼层或一个水平防火分区内各场所的危险等级和火灾种类相同时，可将其作为一个计算单元。

2）当一个楼层或一个水平防火分区内各场所的危险等级和火灾种类不相同时，应将其分别作为不同的计算单元。

3）同一计算单元不得跨越防火分区和楼层。

不同楼层分别为不同的计算单元，因此，每个楼层送修灭火器的数量不应超过该楼层灭火器总量的 1/4。

第六题

1.【参考答案】

（1）存在问题：该油库消防控制室每班 2 人，实行 24 h 两班倒值班，不满足消防控制室值班人员值班不超过 8 h 的要求。1 名值班人员未具有初级消防设施操作员资格证，不符合要求，值班人员应通过消防行业特有工种职业技能鉴定，持有初级技能以上等级的职业资格证书。

（2）消防控制室值班时间和人员应符合以下要求：

1）实行每日 24 h 值班制度，值班人员应通过消防行业特有工种职业技能鉴定，持有初级技能以上等级的职业资格证书。

2）每班工作时间应不大于 8 h，每班人员应不少于 2 人，值班人员对火灾报警控制器进行日检查、接班、交班时，应填写《消防控制室值班记录表》的相关内容。值班期间每 2 h 记录一次消防控制室内消防设备的运行情况，及时记录消防控制室内消防设备的火警或故障情况。

3) 正常工作状态下，不应将自动喷水灭火系统、防烟排烟系统和联动控制的防火卷帘等防火分隔设施设置在手动控制状态，其他消防设施及相关设备如设置在手动状态时，应有在火灾情况下迅速将手动控制转换为自动控制的可靠措施。

【解析】参见《建筑消防设施的维护管理》第 5.2 条规定。

2.【参考答案】
问题：站内的消防水泵房泡沫液罐无液位计，无法掌握泡沫液的实际量。
依据：《泡沫灭火系统技术标准》第 3.5.2 条规定，常压泡沫液储罐应符合下列规定：①储罐内应留有泡沫液热膨胀空间和泡沫液沉降损失部分所占空间；②储罐出液口的设置应保障泡沫液泵进口为正压，且出液口不应高于泡沫液储罐最低液面 0.5 m；③储罐泡沫液管道吸液口应朝下，并应设置在沉降层之上，且当采用蛋白类泡沫液时，吸液口距泡沫液储罐底面应不小于 0.15 m；④储罐宜设计成锥形或拱形顶，且上部应设呼吸阀或用弯管通向大气；⑤储罐上应设出液口、液位计、进料孔、排渣孔、人孔、取样口。

【解析】参见《泡沫灭火系统技术标准》第 3.5.2 条规定。

3.【参考答案】
整改要求：按照规范要求在消防控制中心或值班室等地点设置显示消防水池水位的装置，同时设置最高和最低水位报警装置。

检查要点：消防水池应采用两路消防给水；消防水池的总蓄水有效容积大于 500 m³ 时，宜设两格能独立使用的消防水池；当大于 1 000 m³ 时，应设置能独立使用的两座消防水池。每格（或座）消防水池应设置独立的出水管，并应设置满足最低有效水位的连通管，且其管径应能满足消防给水设计流量的要求；储存室外消防用水的消防水池或供消防车取水的消防水池，消防水池应设置取水口（井），且吸水高度应不大于 6.0 m；消防水池的出水管应保证消防水池的有效容积能被全部利用；消防水池应设置就地水位显示装置，并应在消防控制中心或值班室等地点设置显示消防水池水位的装置，同时应有最高和最低报警水位；消防水池应设置溢流水管和排水设施，并应采用间接排水。

【解析】根据《消防给水及消火栓系统技术规范》第 4.3.5 条规定，火灾时消防水池连续补水应符合下列规定：消防水池应采用两路消防给水。根据该规范第 4.3.6 条规定，消防水池的总蓄水有效容积大于 500 m³ 时，宜设两格能独立使用的消防水池；当大于 1 000 m³ 时，应设置能独立使用的两座消防水池。每格（或座）消防水池应设置独立的出水管，并应设置满足最低有效水位的连通管，且其管径应能满足消防给水设计流量的要求。根据该规范第 4.3.7 条规定，储存室外消防用水的消防水池或供消防车取水的消防水池，应符合下列规定：消防水池应设置取水口（井），且吸水高度不应大于 6.0 m。

根据《消防设施通用规范》第 3.0.8 条，消防水池应符合下列规定：
（1）消防水池的有效容积应满足设计持续供水时间内的消防用水量要求，当消防水池采用两路消防供水且在火灾中连续补水能满足消防用水量要求时，在仅设置室内消火栓系统的情况下，有效容积应大于或等于 50 m³，其他情况下应大于或等于 100 m³。

（2）消防用水与其他用水共用的水池，应采取保证水池中的消防用水量不作他用的技术措施。

（3）消防水池的出水管应保证消防水池有效容积内的水能被全部利用，水池的最低有效水位或消防水泵吸水口的淹没深度应满足消防水泵在最低水位运行安全和实现设计出水量的要求。

（4）消防水池的水位应能就地和在消防控制室显示，消防水池应设置高低水位报警装置。

（5）消防水池应设置溢流水管和排水设施，并应采用间接排水。

消防安全案例分析
模考通关试卷（二）参考答案及解析

第一题

1.【参考答案】ACE

【解析】根据《高层民用建筑消防安全管理规定》第二条规定，该规定所指的高层民用建筑包括高层住宅建筑和高层公共建筑。根据该规定第五十条，高层公共建筑是指建筑高度大于24 m的非单层公共建筑，包括宿舍建筑、公寓建筑、办公建筑、科研建筑、文化建筑、商业建筑、体育建筑、医疗建筑、交通建筑、旅游建筑、通信建筑等。该商业中心地上8层，地下2层，建筑高度26 m，属于高层公共建筑，故可以适用该规定。

《机关、团体、企业、事业单位消防安全管理规定》和《高层民用建筑消防安全管理规定》对消防安全管理人的职责都做出了规定。《机关、团体、企业、事业单位消防安全管理规定》对单位的消防安全管理人的职责做出一般规定，于2002年5月1日起施行。《高层民用建筑消防安全管理规定》对高层民用建筑的消防安全管理人的职责做出规定，于2021年8月1日起施行。根据特别法优于一般法、新法优于旧法的原则，本题适用《高层民用建筑消防安全管理规定》来确定消防安全管理人李某某的职责。

根据《高层民用建筑消防安全管理规定》第八条第二款，高层公共建筑的消防安全管理人应当履行下列消防安全管理职责：（一）拟订年度消防工作计划，组织实施日常消防安全管理工作；（二）组织开展防火检查、巡查和火灾隐患整改工作；（三）组织实施对建筑共用消防设施设备的维护保养；（四）管理专职消防队、志愿消防队（微型消防站）等消防组织；（五）组织开展消防安全的宣传教育和培训；（六）组织编制灭火和应急疏散综合预案并开展演练。故选A、C、E。

根据该规定第十条规定，接受委托的高层住宅建筑的物业服务企业应当依法履行下列消防安全职责：（一）落实消防安全责任，制定消防安全制度，拟订年度消防安全工作计划和组织保障方案；（二）明确具体部门或者人员负责消防安全管理工作；（三）对管理区域内的共用消防设施、器材和消防标志定期进行检测、维护保养，确保完好有效；（四）组织开展防火巡查、检查，及时消除火灾隐患；（五）保障疏散通道、安全出口、消防车通道畅通，对占用、堵塞、封闭疏散通道、安全出口、消防车通道等违规行为予以制止，制止无效的，及时报告消防救援机构等有关行政管理部门依法处理；（六）督促业主、使用人履行消防安全义务；（七）定期向所在住宅小区业主委员会和业主、使用人通报消防安全情况，提示消防安全风险；（八）组织开展经常性的消防宣传教育；（九）制定灭火和应急疏散预案,并定期组织演练;(十)法律、法规规定和合同约定的其他消防安全职责。故不选B。

根据该规定第七条第一款规定,高层公共建筑的业主单位、使用单位应当履行下列消防安全职责:(一)遵守消防法律法规,建立和落实消防安全管理制度;(二)明确消防安全管理机构或者消防安全管理人员;(三)组织开展防火巡查、检查,及时消除火灾隐患;(四)确保疏散通道、安全出口、消防车通道畅通;(五)对建筑消防设施、器材定期进行检验、维修,确保完好有效;(六)组织消防宣传教育培训,制定灭火和应急疏散预案,定期组织消防演练;(七)按照规定建立专职消防队、志愿消防队(微型消防站)等消防组织;(八)法律、法规规定的其他消防安全职责。故不选D。

2.【参考答案】CDE

【解析】根据《消防法》第七十三条第三项规定,公众聚集场所是指宾馆、饭店、商场、集贸市场、客运车站候车室、客运码头候船厅、民用机场航站楼、体育场馆、会堂以及公共娱乐场所等。因此,聚丰商场属于公众聚集场所。根据《消防法》第七十三条第四项规定,人员密集场所是指公众聚集场所,医院的门诊楼、病房楼、学校的教学楼、图书馆、食堂和集体宿舍,养老院、福利院,托儿所、幼儿园,公共图书馆的阅览室,公共展览馆、博物馆的展示厅,劳动密集型企业的生产加工车间和员工集体宿舍,旅游、宗教活动场所等。因此,聚丰商场也属于人员密集场所。根据《机关、团体、企业、事业单位消防安全管理规定》和《公安部关于实施〈机关、团体、企业、事业单位消防安全管理规定〉有关问题的通知》中规定的消防安全重点单位的界定标准,建筑面积在1 000 m²以上且经营可燃商品的商场(商店、市场)属于消防安全重点单位。聚丰商场面积为600 m²,因此,不属于消防安全重点单位。

根据《人员密集场所消防安全管理》第6.3条规定,人员密集场所应根据需要建立志愿消防队,志愿消防队员的数量不应少于本场所从业人员数量的30%。志愿消防队白天和夜间的值班人数应能保证扑救初起火灾的需要。根据该标准第6.4条规定,属于消防安全重点单位的人员密集场所,应依托志愿消防队建立微型消防站。根据该规定,聚丰商场应建立志愿消防队,但由于不属于消防安全重点单位,故不需要建立微型消防站。故不选A。

根据《人员密集场所消防安全管理》第7.2.1条规定,人员密集场所应建立消防安全例会制度,处理涉及消防安全的重大问题,研究、部署、落实本场所的消防安全工作计划和措施。又根据该标准第7.2.2条规定,消防安全例会应由消防安全责任人主持,消防安全管理人提出议程,有关人员参加,并应形成会议纪要或决议,每月不宜少于一次。因此,聚丰商场应在消防安全责任人主持下召开消防安全例会,处理涉及消防安全的重大问题,研究、部署、落实本场所的消防安全工作计划和措施,但频率为每月不宜少于一次。故不选B。

根据《人员密集场所消防安全管理》第7.1.4条规定,人员密集场所应在公共部位的明显位置设置疏散示意图、警示标识等,提示公众对场所存在的违法行为进行投诉、举报。故选C。

根据《人员密集场所消防安全管理》第7.3.5条规定,公众聚集场所在营业期间,应至少每2 h巡查一次。如前所述,聚丰商场属于公众聚集场所,故选D。

根据《消防安全责任制实施办法》第十七条规定，对容易造成群死群伤火灾的人员密集场所、易燃易爆单位和高层、地下公共建筑等火灾高危单位，除履行第十五条、第十六条规定的职责外，还应当履行下列职责：（一）定期召开消防安全工作例会，研究本单位消防工作，处理涉及消防经费投入、消防设施设备购置、火灾隐患整改等重大问题。（二）鼓励消防安全管理人取得注册消防工程师执业资格，消防安全责任人和特有工种人员须经消防安全培训；自动消防设施操作人员应取得建（构）筑物消防员资格证书。（三）专职消防队或微型消防站应当根据本单位火灾危险特性配备相应的消防装备器材，储备足够的灭火救援药剂和物资，定期组织消防业务学习和灭火技能训练。（四）按照国家标准配备应急逃生设施设备和疏散引导器材。（五）建立消防安全评估制度，由具有资质的机构定期开展评估，评估结果向社会公开。（六）参加火灾公众责任保险。故选E。

3.【参考答案】ABCD

【解析】根据《公共娱乐场所消防安全管理规定》第二条规定，公共娱乐场所是指向公众开放的下列室内场所：（一）影剧院、录像厅、礼堂等演出、放映场所；（二）舞厅、卡拉OK厅等歌舞娱乐场所；（三）具有娱乐功能的夜总会、音乐茶座和餐饮场所；（四）游艺、游乐场所；（五）保龄球馆、旱冰场、桑拿浴室等营业性健身、休闲场所。因此，欣欣书吧、凯撒影视城属于公共娱乐场所。

根据《消防法》第七十三条第三项规定，公众聚集场所是指宾馆、饭店、商场、集贸市场、客运车站候车室、客运码头候船厅、民用机场航站楼、体育场馆、会堂以及公共娱乐场所等。因此，欣欣书吧、凯撒影视城、聚丰商场、天天宾馆均属于公众聚集场所。

根据《消防法》第七十三条第四项规定，人员密集场所是指公众聚集场所，医院的门诊楼、病房楼，学校的教学楼、图书馆、食堂和集体宿舍，养老院，福利院，托儿所，幼儿园，公共图书馆的阅览室，公共展览馆、博物馆的展示厅，劳动密集型企业的生产加工车间和员工集体宿舍，旅游、宗教活动场所等。因此，开心幼儿园、欣欣书吧、凯撒影视城、聚丰商场、天天宾馆均属于人员密集场所。

根据《消防法》第十五条第四款规定，公众聚集场所未经消防救援机构许可的，不得投入使用、营业。因此，欣欣书吧、凯撒影视城、聚丰商场、天天宾馆等公众聚集场所应该经消防救援机构开展消防安全检查并取得消防行政许可后方可投入使用、营业。故选A、B、C、D，不选E。

4.【参考答案】ACE

【解析】"三项报告"备案制度包括以下三项内容：（1）消防安全管理人员报告备案。消防安全重点单位依法确定的消防安全责任人、消防安全管理人、专（兼）职消防管理员、消防控制室值班操作人员等，自确定或变更之日起5个工作日内，向当地消防救援机构报告备案。（2）消防设施维护保养报告备案。设有建筑消防设施的消防安全重点单位，应当对建筑消防设施进行日常维护保养，并每年至少进行一次功能检测，不具备维护保养和检测能力的消防安全重点单位应委托具备相应从业条件的机构进行维护保养和检测，保障消防设施完整好用。消防安全重点单位要将维护保养合同、维保记录、设备运行记录每月向当地消防救援机构报告备案。提供消防设施维护保养和检测的技术服务机构，必须具备相应从业条件，依照签订的维护保养合同认真履行义务，承担相应责任，确保建筑消防设施正常运行，并自签订维护保养合同之日起5个工作日内向当地消防救援机构报告备案。（3）消防安全自我评估报告备案。消防安全重点单位应对消防安全管理情况每月组织一次自我评估。评估情况应自评估完成之日起5个工作日内向当地消防救援机构报告备案，并向社会公开。故选A、C、E，不选B。

根据《机关、团体、企业、事业单位消防安全管理规定》第三十五条规定，对消防救援机构责令限期改正的火灾隐患，单位应当在规定的期限内改正并写出火灾隐患整改复函，报送消防救援机构。根据该规定第三十三条规定，火灾隐患整改完毕，负责整改的部门或者人员应当将整改情况记录报送消防安全责任人或者消防安全管理人签字确认后存档备查。因此，火灾隐患整改完毕后，应当将火灾整改情况记录存档备查，而不需要报消防救援机构备案。故不选D。

5.【参考答案】BDE
【解析】根据《人员密集场所消防安全管理》第7.9.1条规定，人员密集场所应建立用火、动火安全管理制度，并应明确用火、动火管理的责任部门和责任人，用火、动火的审批范围、程序和要求等内容。动火审批应经消防安全责任人签字同意方可进行。故选B，不选A。根据该标准第7.9.2条规定，用火、动火安全管理应符合下列要求：a）人员密集场所禁止在营业时间进行动火作业；b）需要动火作业的区域，应与使用、营业区域进行防火分隔，严格将动火作业限制在防火分隔区域内，并加强消防安全现场监管；c）电焊、气焊等明火作业前，实施动火的部门和人员应按照制度规定办理动火审批手续，清除可燃、易燃物品，配置灭火器材，落实现场监护人和安全措施，在确认无火灾、爆炸危险后方可动火作业；d）人员密集场所不应使用明火照明或取暖，如特殊情况需要时，应有专人看护；e）炉火、烟道等取暖设施与可燃物之间应采取防火隔热措施；f）宾馆、餐饮场所、医院、学校的厨房烟道应至少每季度清洗一次；g）进入建筑内以及厨房、锅炉房等部位内的燃油、燃气管道，应经常检查、检测和保养。故选D，不选C。

根据《消防法》第二十一条第二款规定，进行电焊、气焊等具有火灾危险作业的人员和自动消防系统的操作人员，必须持证上岗，并遵守消防安全操作规程。故选E。

6.【参考答案】ABDE
【解析】根据《消防法》第六十九条第一款规定，消防设施维护保养检测、消防安全评估等消防技术服务机构，不具备从业条件从事消防技术服务活动或者出具虚假文件的，由消防救援机构责令改正，处5万元以上10万元以下罚款，并对直接负责的主管人员和其他直接责任人员处1万元以上5万元以下罚款；有违法所得的，并处没收违法所得；给他人造成损失的，依法承担赔偿责任。本案例中，消防控制室不能远程启动喷淋泵，但中新消防设备检测公司在并未实际检测的情况下出具了消防设施完好有效的检测报告，存在出具虚假检测报告的违法行为。由于喷淋泵未能启动，火灾烧毁封存的图书，造成欣欣书吧直接经济损失2 489元。对于中新消防设备检测公司出具虚假检测报告的行为，应由消防救援机构责令改正，对中新消防设备检测公司处以罚款，并对其负责人方某某处以罚款，没收违法所得的检测费，同时赔偿欣欣书吧的火灾损失。故选A、B、D，不选C。

根据《注册消防工程师管理规定》第五十七条规定，注册消防工程师在聘用单位出具的虚假、失实消防安全技术文件上签名或者加盖执业印章的，依据《消防法》第六十九条的规定处罚。故选 E。

7.【参考答案】ADE

【解析】根据《社会消防技术服务管理规定》第五条规定，从事消防设施维护保养检测的消防技术服务机构，应当具备下列条件：（一）取得企业法人资格；（二）工作场所建筑面积不少于 200 m²；（三）消防技术服务基础设备和消防设施维护保养检测设备配备符合有关规定要求；（四）注册消防工程师不少于 2 人，其中一级注册消防工程师不少于 1 人；（五）取得消防设施操作员国家职业资格证书的人员不少于 6 人，其中中级技能等级以上的不少于 2 人；（六）健全的质量管理体系。故选 A，不选 B。

根据该规定第十三条第一款规定，消防技术服务机构承接业务，应当与委托人签订消防技术服务合同，并明确项目负责人。项目负责人应当具备相应的注册消防工程师资格。故不选 C。

根据该规定第十五条规定，消防技术服务机构应当对服务情况作出客观、真实、完整的记录，按消防技术服务项目建立消防技术服务档案。消防技术服务档案保管期限为 6 年。故选 D。

根据该规定第八条规定，消防技术服务机构可以在全国范围内从业。故选 E。

8.【参考答案】DE

【解析】根据《高层民用建筑消防安全管理规定》第八条第二款规定，高层公共建筑的消防安全管理人应当具备与其职责相适应的消防安全知识和管理能力。对建筑高度超过 100 m 的高层公共建筑，鼓励有关单位聘用相应级别的注册消防工程师或者相关工程类中级及以上专业技术职务的人员担任消防安全管理人。故不选 A。

根据《机关、团体、企业、事业单位消防安全管理规定》第四十一条规定，消防安全重点单位应当建立健全消防档案。消防档案应当包括消防安全基本情况和消防安全管理情况。消防安全重点部位情况属于消防安全基本情况，因此也属于消防档案的内容。该商业中心内并不是所有单位都属于消防安全重点单位，故不选 B。

根据《高层民用建筑消防安全管理规定》第十九条第一款规定，设有建筑外墙外保温系统的高层民用建筑，其管理单位应当在主入口及周边相关显著位置，设置提示性和警示性标识，标示外墙外保温材料的燃烧性能、防火要求。对高层民用建筑外墙外保温系统破损、开裂和脱落的，应当及时修复。高层民用建筑在进行外墙外保温系统施工时，建设单位应当采取必要的防火隔离以及限制住人和使用的措施，确保建筑内人员安全。故不选 C。

根据《社会消防安全教育培训规定》第十四条第二款规定，单位对职工的消防安全教育培训应当将本单位的火灾危险性、防火灭火措施、消防设施及灭火器材的操作使用方法、人员疏散逃生知识等作为培训的重点。故选 D。

根据《建筑消防设施的维护管理》第 5.2 条规定，消防控制室实行每日 24 h 值班制度。每班工作时间应不大于 8 h，每班人员应不少于 2 人。值班人员对火灾报警控制器进行日检查、接班、交班时，应填写《消防控制室值班记录表》的相关内容。值班期间每 2 h 记录一次消防控制室内消防设备的运行情况，及时记录消防控制室内消防设备的火警或故障情况。故选 E。

9.【参考答案】AD

【解析】根据《人员密集场所消防安全管理》第 7.12.3 条规定，消防安全基本情况应包括下列内容：a）建筑的基本概况和消防安全重点部位；b）所在建筑消防设计审查、消防验收或消防设计、消防验收备案以及场所投入使用、营业前消防安全检查的相关资料；c）消防组织和各级消防安全责任人；d）微型消防站设置及人员、消防装备配备情况；e）相关租赁合同；f）消防安全管理制度和保证消防安全的操作规程，灭火和应急疏散预案；g）消防设施、灭火器材配置情况；h）专职消防队、志愿消防队人员及其消防装备配备情况；i）消防安全管理人、自动消防设施操作人员、电（气）焊工、电工、易燃易爆危险品操作人员的基本情况；j）新增消防产品质量合格证，新增建筑材料和室内装修、装饰材料的防火性能证明文件。故不选 B、C、E。

根据该标准第 7.12.4 条规定，消防安全管理情况应包括下列内容：a）消防安全例会记录或会议纪要、决定；b）消防救援机构填发的各种法律文书；c）消防设施定期检查记录、自动消防设施全面检查测试的报告、维修保养的记录以及委托检测和维修保养的合同；d）火灾隐患、重大火灾隐患及其整改情况记录；e）消防控制室值班记录；f）防火检查、巡查记录；g）有关燃气、电气设备检测、动火审批等记录资料；h）消防安全培训记录；i）灭火和应急疏散预案的演练记录；j）各级和各部门消防安全责任人的消防安全承诺书；k）火灾情况记录；l）消防奖惩情况记录。故选 A、D。

第二题

1.【参考答案】DE

【解析】根据《消防给水及消火栓系统技术规范》第 3.6.2 条规定，一类高层公共建筑火灾延续时间为 3 h。室外消防水池的有效容量需要满足在火灾延续时间内室外消防用水量的要求。室外消防水池的最小有效容积 V：

$$V = 3.6 \left(\sum_{i=1}^{n} q_i t_i - q_b t_{i,\,max} \right)$$
$$= 3.6 \times (30 \times 3 - 15 \times 3) = 162 \,(\text{m}^3)$$

根据该规范第 4.3.4 条规定，当消防水池采用两路消防供水且在火灾情况下连续补水能满足消防要求时，消防水池的有效容积应根据计算确定，但应不小于 100 m³，当仅设有消火栓系统时应不小于 50 m³；选项 A、B 为迷惑选项。本题经计算应选大于 162 m³ 的选项，故选 D、E。

2.【参考答案】AB

【解析】自动喷水灭火系统采用的是湿式系统，系统设计流量为 30 L/s，火灾延续时间为 1 h。同时，此建筑室外消火栓由室外消防水池供水。因此，消防水池的有效容量只需要满足在火灾延续时间内室内消防用水量的要求。室内消防水池的最小有效容积 V：

$$V = 3.6 \left(\sum_{i=1}^{n} q_i t_i - q_b t_{i,\,max} \right)$$
$$= 3.6 \times (40 \times 3 + 30 \times 1 - 15 \times 3) = 378 \,(\text{m}^3)$$

本题经计算应选大于 378 m³ 的选项，故选 A、B。

3.【参考答案】ABD

【解析】根据《建筑设计防火规范》第 5.1.1 条规定,该建筑高度为 99.6 m,大于 50 m,属于一类高层公共建筑。根据《消防给水及消火栓系统技术规范》第 5.2.1 条规定,临时高压消防给水系统的高位消防水箱的有效容积应满足初期火灾消防用水量的要求,一类高层公共建筑,不应小于 36 m³。该建筑水箱的实际容积为 18 m³,不符合规范要求,故选 B。根据该规范第 5.2.2 条规定,高位消防水箱的设置位置应高于其所服务的水灭火设施,且最低有效水位应满足水灭火设施最不利点处的静水压力,故选 A。根据该规范第 6.2.2 条规定,分区供水形式应根据系统压力、建筑特征,经技术经济和安全可靠性等综合因素确定,可采用消防水泵并行或串联、减压水箱和减压阀减压的形式,但当系统的工作压力大于 2.4 MPa 时,应采用消防水泵串联或减压水箱分区供水形式。该建筑选择水泵并行方式供水,故不需要设置减压水箱,故不选 C。根据《消防设施通用规范》第 3.0.8 条规定,消防水池的出水管应保证消防水池有效容积内的水能被全部利用,水池的最低有效水位或消防水泵吸水口的淹没深度应满足消防水泵在最低水位运行安全和实现设计出水量的要求。故选 D,不选 E。

4.【参考答案】AE

【解析】根据《消防给水及消火栓系统技术规范》第 7.3.2 条规定,建筑室外消火栓的数量应根据室外消火栓设计流量和保护半径计算确定,保护半径不应大于 150 m。根据该规范第 6.1.5 条规定,市政消火栓或消防车从消防水池吸水向建筑供应室外消防给水时,应符合下列规定:①供消防车吸水的室外消防水池的每个取水口宜按一个室外消火栓计算,且其保护半径不应大于 150 m。②距建筑外缘 5~150 m 的市政消火栓可计入建筑室外消火栓的数量,但当为消防水泵接合器供水时,距建筑外缘 5~40 m 的市政消火栓可计入建筑室外消火栓的数量。③当市政给水管网为环状时,符合本条上述内容的室外消火栓出流量宜计入建筑室外消火栓设计流量;但当市政给水管网为枝状时,计入建筑的室外消火栓设计流量不宜超过一个市政消火栓的出流量。因此,该建筑东西两侧的市政消火栓和消防水池可计 3 个,加上建筑自身的 2 个消火栓,共 5 个消火栓可计入建筑室外消火栓的数量,故选 A,不选 B、C。根据该规范第 7.3.3 条规定,室外消火栓宜沿建筑周围均匀布置,且不宜集中布置在建筑一侧;建筑消防扑救面一侧的室外消火栓数量不宜少于 2 个,该建筑不满足,故选 E,不选 D。

5.【参考答案】ACD

【解析】根据《建筑防火通用规范》第 4.1.7 条规定,除地铁工程、水利水电工程和其他特殊工程中的地下消防水泵房可根据工程要求确定其设置楼层外,其他建筑中的消防水泵房不应设置在建筑的地下三层及以下楼层。故选 A。

根据《消防给水及消火栓系统技术规范》第 7.4.12 条规定,高层建筑、厂房、库房和室内净空高度超过 8 m 的民用建筑等场所,消火栓栓口动压不应小于 0.35 MPa,且消防水枪充实水柱应按 13 m 计算。

根据该规范第 10.1.7 条规定,计算该建筑高区消防水泵所需扬程压力 p:

$$p = k_2 \left(\sum p_\mathrm{f} + \sum p_\mathrm{p} \right) + 0.01H + p_0$$
$$= 1.20 \times 0.088\ 5 + 0.01 \times 99.5 + 0.35$$
$$= 1.451\ 2\ (\mathrm{MPa})$$

或 $p=1.40\times0.088\ 5+0.01\times99.5+0.35$
  $=1.468\ 9$（MPa）

即：该建筑高区消防水泵所需扬程为 145 m 或 147 m。

计算该建筑低区消防水泵所需扬程压力 p：

$$p=k_2\left(\sum p_\mathrm{f}+\sum p_\mathrm{p}\right)+0.01H+p_0$$
$$=1.20\times0.069\ 0+0.01\times44.9+0.35$$
$$=0.881\ 8（\mathrm{MPa}）$$

或 $p=1.40\times0.069\ 0+0.01\times44.9+0.35$
  $=0.895\ 6$（MPa）

即：该建筑低区消防水泵所需扬程为 88 m 或 90 m。

高区消防水泵其性能参数为 $H=140$ m，扬程不满足建筑要求，故不选 B。低区采用 XBD9/40–W 型水泵，设备参数为 $H=90$ m，扬程满足要求，故选 C。

根据《建筑防火通用规范》第 10.1.2 条规定，一类高层民用建筑的消防用电应按一级负荷供电，故选 D。

根据《消防给水及消火栓系统技术规范》第 5.1.13 条规定，一组离心式消防水泵吸水管不应少于两条，当其中一条损坏或检修时，其余吸水管应仍能通过全部消防给水设计流量，故不选 E。

6.【参考答案】AD

【解析】根据《消防给水及消火栓系统技术规范》根据《消防设施通用规范》第 3.0.5 条，室内消火栓系统应符合下列规定：在设置室内消火栓的场所内，包括设备层在内的各层均应设置消火栓。故不选 C。第 7.4.5 条规定，消防电梯前室应设置室内消火栓，并应计入消火栓使用数量，故选 A。根据该规范第 7.4.6 条规定，一类高层建筑室内消火栓的布置应满足同一平面有 2 把消防水枪的 2 股充实水柱同时达到任何部位的要求；根据该规范第 7.4.10 条规定，室内消火栓宜按直线距离计算其布置间距，对于消火栓按 2 把消防水枪的 2 股充实水柱布置的建筑物，消火栓的布置间距不应大于 30 m。该建筑标准层东西长约 100 m，故不选 B。根据该规范第 7.4.12 条规定，高层建筑、厂房、库房和室内净空高度超过 8 m 的民用建筑等场所，消火栓栓口动压不应小于 0.35 MPa，且消防水枪充实水柱应按 13 m 计算；其他场所，消火栓栓口动压不应小于 0.25 MPa，且消防水枪充实水柱应按 10 m 计算。故选 D，不选 E。

根据《消防设施通用规范》第 3.0.5 条，室内消火栓系统应符合下列规定：在设置室内消火栓的场所内，包括设备层在内的各层均应设置消火栓。故不选 C。

7.【参考答案】BCE

【解析】根据《消防给水及消火栓系统技术规范》第 4.3.7 条规定，储存室外消防用水的消防水池或供消防车取水的消防水池，应符合下列规定：①消防水池应设置取水口（井），且吸水高度不应大于 6 m，故不选 A。②取水口（井）与建筑物（水泵房除外）的距离不宜小于 15 m，故选 B。根据该规范第 4.3.3 条规定，消防水池进水管管径应计算确定，且应不小于 DN100，故选 C。根据该规范第 4.3.5 条规定，消防水池进水管管径和流量应根据市政给水管网或其他给水管网的压力、入户引入管管径、消防水池进水管管径，以及火灾时其他用水量等经水力计算确定，当计算条件不具备时，给水管的平均流速不宜大于 1.5 m/s，故不选 D。

根据《消防设施通用规范》第 3.0.8 条规定，消防水池应设置溢流水管和排水设施，并应采用间接排水，故选 E。

8.【参考答案】BCE

【解析】根据《消防给水及消火栓系统技术规范》第 13.1.4 条规定，消防水泵调试应符合下列要求：①以自动直接启动或手动直接启动消防水泵时，消防水泵应在 55 s 内投入正常运行，且应无不良噪声和振动，故不选 A。②以备用电源切换方式或备用泵切换启动消防水泵时，消防水泵应分别在 1 min 或 2 min 内投入正常运行，故选 B。③消防水泵零流量时的压力不应超过设计工作压力的 140%；低压消防水泵工作扬程 90 m，应不高于 126 m，故选 E。④当出流量为设计工作流量的 150% 时，其出口压力应不低于设计工作压力的 65%；高压消防水泵工作扬程 140 m，不应低于 91 m，故不选 D。

根据《消防设施通用规范》第 3.0.12 条规定，消防水泵控制柜应具有机械应急启泵功能，且机械应急启泵时，消防水泵应能在接受火警后 5 min 内进入正常运行状态。故选 C。

9.【参考答案】CDE

【解析】根据《消防给水及消火栓系统技术规范》第 4.3.10 条规定，消防水池通气管、呼吸管和溢流管等应采取防止虫鼠等进入消防水池的技术措施。故选 C、D、E。

第三题

1.【参考答案】

（1）舞台台口处的防护冷却水幕喷水强度为 1 L/（s·m），火灾延续时间为 3 h。

（2）主舞台与侧台、后台交界处的防火分隔水幕喷水强度为 2 L/（s·m），火灾延续时间为 3 h。

【解析】根据《自动喷水灭火系统设计规范》第 5.0.14 条规定，水幕系统的设计基本参数应符合表 5.0.14（见下表）的规定。舞台台口处防护冷却水幕的设置高度为 10 m，喷水强度应为 1 L/（s·m），防火分隔水幕喷水强度不受高度影响，为 2 L/（s·m）。

水幕系统的设计基本参数

水幕系统类别	喷水点高度 h/m	喷水强度 /[L/（s·m）]	喷头工作压力 /MPa
防火分隔水幕	$h \leq 12$	2	0.1
防护冷却水幕	$h \leq 4$	0.5	

注：①防护冷却水幕的喷水点高度每增加 1 m，喷水强度应增加 0.1 L/（s·m），但超过 9 m 时喷水强度仍采用 1 L/（s·m）。
②系统持续喷水时间不应小于系统设置部位的耐火极限要求。
③喷头布置应符合该规范第 7.1.16 条的规定。

根据《消防给水及消火栓系统技术规范》第3.6.4条规定，建筑内用于防火分隔的防火分隔水幕和防护冷却水幕的火灾延续时间，不应小于防火分隔水幕或防护冷却水幕设置部位墙体的耐火极限。该建筑耐火等级为一级，因此，水幕的火灾延续时间为3 h。

2.【参考答案】

（1）舞台台口处防护冷却水幕的喷头选型合理，安装方向不合理，应保证出水方向朝向防火幕。

（2）主舞台与侧台、后台交界处的防火分隔水幕应选用开式洒水喷头，或布置成3排。

【解析】

（1）根据《自动喷水灭火系统设计规范》第6.1.5条第2款规定，防护冷却水幕应采用水幕喷头。第7.1.16条的条文说明中提到，防护冷却水幕与防火卷帘或防火幕等防火分隔设施配套使用时，要求喷头单排布置，并将水喷向防火卷帘或防火幕等保护对象。

（2）根据该规范第6.1.5条第1款规定，防火分隔水幕应采用开式洒水喷头或水幕喷头。根据该规范第7.1.16条规定，防火分隔水幕的喷头布置，应保证水幕的宽度不小于6 m。采用水幕喷头时，喷头不应少于3排；采用开式洒水喷头时，喷头不应少于2排。防护冷却水幕的喷头宜布置成单排。

3.【参考答案】

（1）雨淋阀组的设置和管理存在的问题有：

1）雨淋阀控制腔的入口处应设置止回阀。

2）雨淋阀出口的控制阀不应关闭。

（2）自动滴水阀漏水的可能原因有：产品质量问题，系统侧有余水，水中杂质等导致报警阀关闭不严。

【解析】

（1）根据《自动喷水灭火系统设计规范》第6.2.5条规定，雨淋报警阀组的电磁阀，其入口应设过滤器。并联设置雨淋报警阀组的雨淋系统，其雨淋报警阀控制腔的入口应设止回阀。

（2）雨淋阀出口的控制阀关闭，将导致火灾时系统不能及时出水灭火。

（3）雨淋阀上的自动滴水阀设置于雨淋阀出口腔的阀体上或报警信号管路上。在雨淋阀关闭的情况下，雨淋阀出口腔中的积水将从自动滴水阀排出，避免水进入报警信号管路引起压力开关和水力警铃的误报警。当雨淋阀打开时，压力水通过雨淋阀从供水管路进入配水管，自动滴水阀将在水压作用下自动关闭。雨淋系统准工作状态下，雨淋阀的自动滴水阀一直滴水，说明雨淋阀出口腔内有积水。

4.【参考答案】压力开关损坏，压力开关设定值不正确，信号线路故障，消防水泵未设定在自动控制状态。

【解析】雨淋系统消防水泵应由雨淋阀报警信号管路上设置的压力开关联锁启动。打开雨淋阀的试水装置，水力警铃发出报警声，但消防水泵没有启动，说明雨淋阀能够正常开启，报警信号管路能够正常进水。因此，故障应是由压力开关、信号线路及水泵控制柜导致的。

5.【参考答案】正确。雨淋系统和水幕系统均为开式系统，无法使用末端试水装置测试；使用雨淋阀组控制，每个雨淋阀组控制的喷头同时喷水，因此，也不需设置水流指示器。

【解析】根据《自动喷水灭火系统设计规范》第4.2.6条条文说明，可做冷喷试验的雨淋系统应设末端试水装置。但题中场所显然不适于冷喷试验，故不设置末端试水装置。

第四题

1.【参考答案】

（1）该商场为一类高层民用建筑，应按一级负荷要求供电。

（2）消防控制室应采用双回路供电，不能单回路。

（3）消防控制室内非消防用电设备不能和消防用电设备共用同一电源供电。

（4）消防控制室的供电线路应使用耐火线缆，不能使用阻燃电缆。

（5）火灾探测器取下后，控制器除显示故障信息外，还应有故障声响提示。

（6）火灾探测器故障信息在控制器复位后，不应不再显示。

（7）当按下手动报警按钮后，控制器除显示报警信息外，控制器应再次鸣响报火警。

【解析】根据《建筑设计防火规范》第5.1.1条的规定，建筑高度24 m以上部分任一楼层建筑面积大于1 000 m^2的商店、展览、电信、邮政、财贸金融建筑和其他多种功能组合的建筑属于一类高层民用建筑。根据该规范第10.1.1条的规定，一类高层民用建筑按一级负荷供电。

根据《建筑防火通用规范》第10.1.2条规定，一类高层民用建筑的消防用电负荷等级不应低于一级。

根据《建筑防火通用规范》第10.1.5条规定，建筑内的消防用电设备应采用专用的供电回路，当其中的生产、生活用电被切断时，应仍能保证消防用电设备的用电需要。

根据《建筑防火通用规范》第10.1.6条规定，除按照三级负荷供电的消防用电设备外，消防控制室、消防水泵房的消防用电设备及消防电梯等的供电，应在其配电线路的最末一级配电箱内设置自动切换装置。

根据《消防设施通用规范》第12.0.16条规定，火灾自动报警系统的供电线路、消防联动控制线路应采用燃烧性能不低于B_2级的耐火铜芯电线电缆，报警总线、消防应急广播和消防专用电话等传输线路应采用燃烧性能不低于B_2级的铜芯电线电缆。

根据《火灾报警控制器》第5.2.4.2条的规定，当控制器内部、控制器与其连接的部件间发生故障时，控制器应在100 s内发出与火灾报警信号有明显区别的故障声、光信号，故障声信号应能手动消除，再有故障信号输入时，应能再启动；故障光信号应保持至故障排除。故控制器除显示故障信息外，还应有故障声响提示。控制器复位后，只要故障未排除就应继续显示。

根据该规范第5.2.2.5条的规定，火灾报警声信号应能手动消除，当再有火灾报警信号输入时，应能再次启动。故在控制器按下消音键后，当按下手动报警按钮后，控制器除显示报警信息外，控制器还应再次鸣响报火警。

2.【参考答案】

（1）手动打开二层防烟楼梯间前室内的送风口后，送风机未启动不符合规范要求。

（2）二层 2 只感烟火灾探测器报警后，各层前室楼梯间送风口都打开不符合规范要求，风机未启动也不符合规范要求。

【解析】根据《消防设施通用规范》第 11.1.5 条的规定，当系统中任一常闭加压送风口开启时，相应的加压风机应能联动启动。故手动打开二层防烟楼梯间前室内的送风口后，送风机应自动启动。

根据《消防设施通用规范》第 11.2.6 条规定，机械加压送风系统应与火灾自动报警系统联动，并应能在防火分区内的火灾信号确认后 15 s 内联动同时开启该防火分区的全部疏散楼梯间、该防火分区所在着火层及其相邻上下各一层疏散楼梯间及其前室或合用前室的常闭加压送风口和加压送风机。

3.【参考答案】
（1）控制器内部编程逻辑故障。
（2）送风机处的消防联动模块故障。
（3）消防联动控制器与消防模块，或消防模块与送风机控制柜之间线路故障。
（4）送风机控制箱内部故障。

【解析】送风机能够正常现场手动启动和消防控制室远程手动直接启动，说明送风机供电线路和风机自身没有问题，因此，很可能是从控制器到送风机控制箱的联动回路出了问题。根据《火灾自动报警系统施工及验收标准》第 4.5.1 条的规定，消防联动控制器调试时，应在接通电源前按以下顺序做好准备工作：应将消防联动控制器与火灾报警控制器连接；应将任一备调回路的输入 / 输出模块与消防联动控制器连接；应将备调回路的模块与其控制的受控设备连接。由此可知，联动控制回路涉及控制器、消防模块和送风机控制箱三个设备及之间的线路，其中任一个出现故障都会造成风机无法联动启动。

根据《消防联动控制系统》第 4.2.2.9 条的规定，消防联动控制器应能通过手动或通过程序的编写输入启动的逻辑关系。消防联动控制器在自动方式下，如接收到火灾报警信号，并在规定的逻辑关系得到满足的条件下，应在 3 s 内发出预先设定的启动信号。故控制器故障是内部编程逻辑出了问题。

4.【参考答案】
（1）一只火灾探测器报警，只能使房间内警报器鸣响；房间外警报装置不应动作，房间外警报装置应在启动气体灭火装置后才鸣响。
（2）气体喷洒指示灯应在气体开始喷洒后才能点亮。

【解析】根据《火灾自动报警系统设计规范》第 4.4.2 条的规定，应由同一防护区域内两只独立的火灾探测器的报警信号、一只火灾探测器与一只手动火灾报警按钮的报警信号或防护区外的紧急启动信号，作为系统的联动触发信号；气体灭火控制器在接收到满足联动逻辑关系的首个联动触发信号后，应启动设置在该防护区内的火灾声光警报器；在启动气体灭火装置的同时，应启动设置在防护区入口处表示气体喷洒的火灾声光警报器；故房间外警报装置不应在一只火灾探测器报警的情况下鸣响。

气体灭火系统控制流程如下图所示。气体喷洒指示灯应在气体开始喷洒后才能点亮，而不应由一只火灾探测器的报警信号联动。

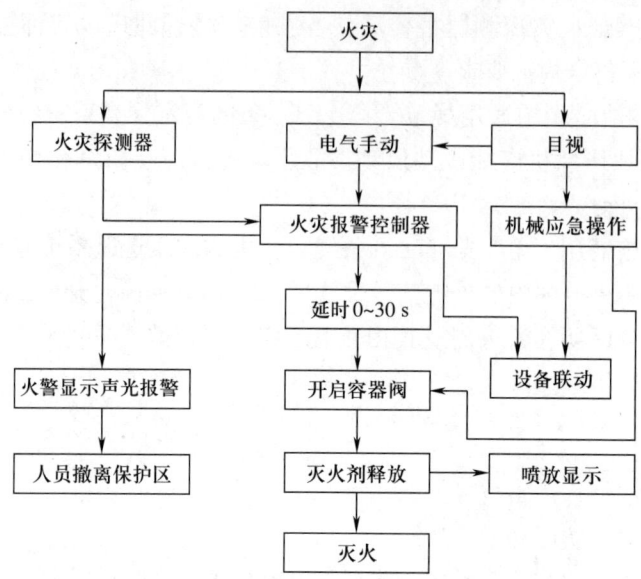

气体灭火系统控制流程图

第五题

1.【参考答案】防护区下列安全设施的设置应符合设计要求：

（1）防护区的疏散通道、疏散指示标志和应急照明装置。

（2）防护区内和入口处的声光报警装置、气体喷放指示灯、入口处的安全标志。

（3）无窗或固定窗扇的地上防护区和地下防护区的排气装置。

（4）门窗设有密封条的防护区的泄压装置。

（5）专用的空气呼吸器或氧气呼吸器。

【解析】参见《气体灭火系统施工及验收规范》第 7.2.2 条。

2.【参考答案】

（1）该建筑需要设置防烟设施的场所或部位有：

1）防烟楼梯间及其前室。

2）消防电梯间前室或合用前室。

（2）该建筑需要设置排烟设施的场所或部位有：

1）设置于五层的歌舞娱乐放映游艺场所。

2）中庭。

3）公共建筑内建筑面积大于 100 m^2 且经常有人停留的地上房间。

4）公共建筑内建筑面积大于 300 m^2 且可燃物较多的地上房间。

5）建筑内长度大于 20 m 的疏散走道。

6）地下或半地下建筑（室）、地上建筑内的无窗房间，当总建筑面积大于 200 m^2 或一个房间建筑面积大于 50 m^2，且经常有人停留或可燃物较多时，应设置排烟设施。

【解析】根据《建筑设计防火规范》第 8.5.1 条的规定，建筑的下列场所或部位应设置防烟设施：防烟楼梯间及其前室；消防电梯间前室或合用前室；避难走道的前室、避难层（间）。

根据该规范第 8.5.3 条的规定，民用建筑的下列场所或部位应设置排烟设施：设置在

一、二、三层且房间建筑面积大于 100 m² 的歌舞娱乐放映游艺场所，设置在四层及以上楼层、地下或半地下的歌舞娱乐放映游艺场所；中庭；公共建筑内建筑面积大于 100 m² 且经常有人停留的地上房间；公共建筑内建筑面积大于 300 m² 且可燃物较多的地上房间；建筑内长度大于 20 m 的疏散走道。

根据该规范第 8.5.4 条的规定，地下或半地下建筑（室）、地上建筑内的无窗房间，当总建筑面积大于 200 m² 或一个房间建筑面积大于 50 m²，且经常有人停留或可燃物较多时，应设置排烟设施。

3.【参考答案】机械排烟系统的联动调试方法及要求应符合下列规定：
（1）当任何一个常闭排烟阀或排烟口开启时，排烟风机均应能联动启动。
（2）应与火灾自动报警系统联动调试。当火灾自动报警系统发出火警信号后，机械排烟系统应启动有关部位的排烟阀或排烟口、排烟风机；启动的排烟阀或排烟口、排烟风机应与设计和标准要求一致，其状态信号应反馈到消防控制室。
（3）有补风要求的机械排烟场所，当火灾确认后，补风系统应启动。
（4）排烟系统与通风、空调系统合用，当火灾自动报警系统发出火警信号后，由通风、空调系统转换为排烟系统的时间应符合下列规定：当火灾确认后，火灾自动报警系统应在 15 s 内联动开启相应防烟分区的全部排烟阀、排烟口、排烟风机和补风设施，并应在 30 s 内自动关闭与排烟无关的通风、空调系统。

4.【参考答案】
（1）与周围连通空间应进行防火分隔：采用防火隔墙时，其耐火极限不应低于 1.00 h；采用防火玻璃墙时，其耐火隔热性和耐火完整性不应低于 1.00 h；采用耐火完整性不低于 1.00 h 的非隔热性防火玻璃墙时，应设置自动喷水灭火系统进行保护；采用防火卷帘时，其耐火极限不应低于 3.00 h，并应符合有关规定；与中庭相连通的门、窗，应采用火灾时能自行关闭的甲级防火门、窗。
（2）高层建筑内的中庭回廊应设置自动喷水灭火系统和火灾自动报警系统。
（3）中庭应设置排烟设施。
（4）中庭内不应布置可燃物。

【解析】根据《建筑设计防火规范》第 5.3.2 条的规定，建筑内设置中庭时，其防火分区的建筑面积应按上、下层相连通的建筑面积叠加计算；当叠加计算后的建筑面积大于有关规定时，应符合下列规定（见上面参考答案）。

第六题

1.【参考答案】首先判定生产储存场所危险特性：印染厂成品厂房为耐火等级二级的单层丙类厂房。

防火间距存在问题①：丙类印染厂成品厂房（耐火等级二级的单层丙类厂房，6 m 高）与丁类锅炉房（单层，高 8 m，耐火等级三级）的防火间距应为 12 m，实际为 10 m。

采取措施：锅炉房的耐火等级提高到二级，两座建筑之间的防火间距应为 10 m，则印染厂成品厂房与锅炉房的间距满足要求。

防火间距存在问题②：丙类印染厂成品厂房（耐火等级二级的单层丙类厂房，6 m 高）

与丙类润滑油库（6 层 25 m 高，耐火等级一级）的防火间距应为 13 m，实际为 12 m。

采取措施：润滑油库与印染厂成品厂房相邻的墙改为无门、窗洞口的防火墙，则防火间距不限。

防火间距存在问题③：丙类印染厂成品厂房（耐火等级二级的单层丙类厂房，6 m 高）与甲类敌敌畏的合成厂房（单层 10 m 高，耐火等级二级）的防火间距应为 12 m，实际为 10 m。

采取措施：敌敌畏的合成厂房与印染厂成品厂房相邻的墙改为无门、窗洞口的防火墙，则防火间距不限。

【解析】根据《建筑设计防火规范》第 3.1.1 条及其条文说明规定，印染成品厂房为丙类厂房，锅炉房为丁类厂房。根据该规范第 3.2.1 条规定，厂房内梁为不燃性构件，耐火极限为 1.50 h，楼板采用不燃性构件，耐火极限为 1.00 h，故印染成品厂房为二级耐火等级。

根据该规范第 3.4.1 条规定，两座厂房相邻较高一面外墙为防火墙，或相邻两座高度相同的一、二级耐火等级建筑中相邻任一侧外墙为防火墙且屋顶的耐火极限不低于 1.00 h 时，其防火间距不限，但甲类厂房之间不应小于 4 m。故本题根据此提高相关厂房建筑的耐火等级。

2.【参考答案】

存在问题：厂房内一层东侧设有建筑面积为 300 m² 的办公、休息区，采用耐火极限 2.50 h 的防火隔墙与车间分隔，防火隔墙上设有双扇弹簧门。

整改意见：办公室、休息室设置在丙类厂房内时，应采用耐火极限不低于 2.50 h 的防火隔墙和耐火极限不低于 1.00 h 的楼板与其他部位分隔，并应至少设置 1 个独立的安全出口。如隔墙上需开设相互连通的门时，应采用乙级防火门。

【解析】根据《建筑设计防火规范》第 3.3.5 条规定，员工宿舍严禁设置在厂房内。办公室、休息室等不应设置在甲、乙类厂房内，确需贴邻本厂房时，其耐火等级不应低于二级，并应采用耐火极限不低于 3.00 h 的防爆墙与厂房分隔，且应设置独立的安全出口。办公室、休息室设置在丙类厂房内时，应采用耐火极限不低于 2.50 h 的防火隔墙和耐火极限不低于 1.00 h 的楼板与其他部位分隔，并应至少设置 1 个独立的安全出口。如隔墙上需开设相互连通的门时，应采用乙级防火门。

3.【参考答案】

存在问题：中间仓库内储存 2 昼夜还原清洗布料的保险粉。

整改措施：中间仓库内储存不超过 1 昼夜还原清洗布料的保险粉。

存在问题：中间仓库采用防火隔墙与其他部位分隔。

整改措施：应采用防火墙和耐火极限不低于 1.50 h 的不燃性楼板与其他部位分隔。

应采取的防火防爆技术措施：要设置泄压设施，采取防止水浸渍的措施。

【解析】保险粉为甲类物质，则中间仓库为甲类中间仓库。

根据《建筑设计防火规范》第 3.3.6 条规定，厂房内设置中间仓库时，应符合下列规定：甲、乙类中间仓库应靠外墙布置，其储量不宜超过 1 昼夜的需要量；甲、乙、丙类中间仓库应采用防火墙和耐火极限不低于 1.50 h 的不燃性楼板与其他部位分隔。

根据该规范第 3.6.2 条规定，有爆炸危险的厂房或厂房内有爆炸危险的部位应设置泄压设施。又根据第 3.6.12 条规定，甲、乙、丙类液体仓库应设置防止液体流散的设施。遇湿会发生燃烧爆炸的物品仓库应采取防止水浸渍的措施。

4.【参考答案】该厂房为丙类厂房，中间仓库物质遇湿易燃，故该厂房还需配置室内外消火栓系统、自动喷水灭火系统、火灾自动报警系统、排烟系统等消防设施。

【解析】根据《消防法》第七十三条第一款，消防设施是指火灾自动报警系统、自动灭火系统、消火栓系统、防烟排烟系统以及应急广播和应急照明、安全疏散设施等。

根据《建筑设计防火规范》第 8.2.1 条第 1 款规定，下列建筑或场所应设置室内消火栓系统：建筑占地面积大于 300 m^2 的厂房和仓库。故该厂房应设置室内消火栓。

根据该规范第 8.3.1 条第 2 款规定，除该规范另有规定和不宜用水保护或灭火的场所外，下列厂房或生产部位应设置自动灭火系统，并宜采用自动喷水灭火系统：占地面积大于 1 500 m^2 或总建筑面积大于 3 000 m^2 的单、多层制鞋、制衣、玩具及电子等类似生产的厂房。本题中厂房属于类似的丙类厂房，应设置自动喷水灭火系统，但中间仓库不需要设置。

根据该规范第 8.4.1 条第 1 款规定，下列建筑或场所应设置火灾自动报警系统：任一层建筑面积大于 1 500 m^2 或总建筑面积大于 3 000 m^2 的制鞋、制衣、玩具、电子等类似用途的厂房。故本题中厂房应设火灾自动报警系统。

根据该规范第 8.5.2 条第 1 款规定，厂房或仓库的下列场所或部位应设置排烟设施：人员或可燃物较多的丙类生产场所，丙类厂房内建筑面积大于 300 m^2 且经常有人停留或可燃物较多的地上房间。故本题中厂房应设排烟系统。

根据该规范第 3.7.6 条规定，高层厂房和甲、乙、丙类多层厂房的疏散楼梯应采用封闭楼梯间或室外楼梯。建筑高度大于 32 m 且任一层人数超过 10 人的厂房，应采用防烟楼梯间或室外楼梯。故本题中厂房可设敞开楼梯间，无须设置机械排烟。

消防安全案例分析
模考通关试卷（三）参考答案及解析

第一题

1.【参考答案】ABCE

【解析】根据《机关、团体、企业、事业单位消防安全管理规定》第八条第一款规定，实行承包、租赁或者委托经营、管理时，产权单位应当提供符合消防安全要求的建筑物，当事人在订立的合同中依照有关规定明确各方的消防安全责任；消防车通道、涉及公共消防安全的疏散设施和其他建筑消防设施应当由产权单位或者委托管理的单位统一管理。故选A、B、C。实行承包、租赁或者委托经营、管理时，消防车通道、涉及公共消防安全的疏散设施和其他建筑消防设施应当统一管理。故不选D。

根据该规定第八条第二款规定，承包、承租或者受委托经营、管理的单位应当遵守该规定，在其使用、管理范围内履行消防安全职责。故选E。

2.【参考答案】ACE

【解析】根据《消防法》第十九条第一款规定，生产、储存、经营易燃易爆危险品的场所不得与居住场所设置在同一建筑物内，并应当与居住场所保持安全距离。故选A、C。

根据该法第十九条第二款规定，生产、储存、经营其他物品的场所与居住场所设置在同一建筑物内的，应当符合国家工程建设消防技术标准。故不选B。

根据该法第六十一条第一款规定，生产、储存、经营易燃易爆危险品的场所与居住场所设置在同一建筑物内，或者未与居住场所保持安全距离的，责令停产停业，并处五千元以上五万元以下罚款。故选E，不选D。

3.【参考答案】DE

【解析】根据《消防法》第六十条第一款规定，单位违反该法规定，有下列行为之一的，责令改正，处五千元以上五万元以下罚款：（1）消防设施、器材或者消防安全标志的配置、设置不符合国家标准、行业标准，或者未保持完好有效的；（2）损坏、挪用或者擅自拆除、停用消防设施、器材的；（3）占用、堵塞、封闭疏散通道、安全出口或者有其他妨碍安全疏散行为的；（4）埋压、圈占、遮挡消火栓或者占用防火间距的；（5）占用、堵塞、封闭消防车通道，妨碍消防车通行的；（6）人员密集场所在门窗上设置影响逃生和灭火救援的障碍物的；（7）对火灾隐患经消防救援机构通知后不及时采取措施消除的。该仓库未设置自动灭火系统，部分灭火器压力不足属于第一项；消防车通道被占用，属于第五项。因此,对于该仓库上述三种行为,应责令改正,处五千元以上五万元以下罚款。故不选 A、B、C。

根据《消防法》第六十七条规定,未制定灭火和应急疏散预案,未对员工进行消防安全培训,应责令限期改正;逾期不改正的,对其直接负责的主管人员和其他直接责任人员依法给予处分或者给予警告处罚。故选 D、E。

4.【参考答案】ACE

【解析】根据《机关、团体、企业、事业单位消防安全管理规定》第三十条规定,单位对存在的火灾隐患,应当及时予以消除。根据该规定第三十二条第一款规定,对不能当场改正的火灾隐患,消防工作归口管理职能部门或者专兼职消防管理人员应当根据本单位的管理分工,及时将存在的火灾隐患向单位的消防安全管理人或者消防安全责任人报告,提出整改方案。故选 A。

根据该规定第三十二条第二款规定,在火灾隐患未消除之前,单位应当落实防范措施,保障消防安全。不能确保消防安全,随时可能引发火灾或者一旦发生火灾将严重危及人身安全的,应当将危险部位停产停业整改。故不选 B。

根据该规定第三十四条规定,对于涉及城市规划布局而不能自身解决的重大火灾隐患,以及机关、团体、事业单位确无能力解决的重大火灾隐患,单位应当提出解决方案并及时向其上级主管部门或者当地人民政府报告。故选 C。

根据该规定第三十三条规定,火灾隐患整改完毕,负责整改的部门或者人员应当将整改情况记录报送消防安全责任人或者消防安全管理人签字确认后存档备查。故不选 D。

根据该规定第三十五条规定,对消防救援机构责令限期改正的火灾隐患,单位应当在规定的期限内改正并写出火灾隐患整改复函,报送消防救援机构。故选 E。

5.【参考答案】AE

【解析】根据《仓储场所消防安全管理通则》第 8.6 条规定,室内储存场所内敷设的配电线路,应穿金属管或难燃硬塑料管保护。故选 A。

根据该通则第 9.4 条规定,室内储存场所禁止安放和使用火炉、火盆、电暖器等取暖设备。故不选 B。

根据该通则第 9.5 条规定,仓储场所内的焊接、切割作业应在指定区域进行。作业期间应有专人值守,作业完成 30 min 后值守人员方可离开。故不选 C。

根据该通则第 8.8 条规定,仓储场所的电气设备应由具有职业资格证书的电工进行安装、检查和维修保养。根据该通则第 8.10 条规定,仓储场所的电气线路、电气设备应定期检查、检测,禁止长时间超负荷运行。故不选 D。

根据《消防法》第二十七条规定,电器产品、燃气用具的安装、使用及其线路、管路的设计、敷设、维护保养、检测,必须符合消防技术标准和管理规定。故选 E。

6.【参考答案】BD

【解析】根据《消防法》第三十九条规定,下列单位应当建立单位专职消防队,承担本单位的火灾扑救工作:(1)大型核设施单位、大型发电厂、民用机场、主要港口;

（2）生产、储存易燃易爆危险品的大型企业；（3）储备可燃的重要物资的大型仓库、基地；（4）第一项、第二项、第三项规定以外的火灾危险性较大、距离国家综合性消防救援队较远的其他大型企业；（5）距离国家综合性消防救援队较远、被列为全国重点文物保护单位的古建筑群的管理单位。其中第三项规定的"可燃的重要物资"包括粮食、棉花、石油、煤炭、药品等。本案例中的仓库所储存的物品不属于可燃的重要物资。因此，该仓库不属于应当建立专职消防队的单位。故不选 A。

根据《仓储场所消防安全管理通则》第 6.7 条规定，库房内储存物品应分类、分堆、限额存放。每个堆垛的面积不应大于 150 m^2。故选 B。

根据该通则第 3.3.2 条规定，仓储场所在员工上岗、转岗前，应对其进行消防安全培训；对在岗人员至少每半年应进行一次消防安全教育。因此，新入职的仓库管理员应经过消防安全培训后上岗，无须接受消防安全专门培训。故不选 C。

根据该通则第 6.8 条规定，库房内堆放的物品与照明灯之间的距离不小于 0.5 m。故选 D。

根据该通则第 9.3 条规定，仓储场所内不应使用明火，并应设置醒目的禁止标志。因施工确需明火作业时，应按用火管理制度办理动火证，由具有相应资格的专门人员进行动火操作，并设专人和灭火器材进行现场监护；动火作业结束后，应检查并确认无遗留火种。根据该通则第 9.5 条规定，仓储场所内的焊接、切割作业应在指定区域进行，并应采取防火措施。因此，仓库内因特殊情况需要进行明火作业的，在落实防火措施的条件下可以实施。故不选 E。

7.【参考答案】ABD

【解析】根据《仓储场所消防安全管理通则》第 8.6 条规定，室内储存场所内不应随意乱接电线，擅自增加用电设备。故选 A。

根据该通则第 6.3 条规定，室内储存场所不应设置员工宿舍。故选 B。

根据该通则第 9.4 条规定，室内储存场所禁止安放和使用火炉、火盆、电暖器等取暖设备。故选 D。

根据《机关、团体、企业、事业单位消防安全管理规定》第三十条规定，单位对存在的火灾隐患，应当及时予以消除。因此，火灾隐患的整改责任主体是谢某某所在的单位。根据该规定第六条第五项规定，火灾隐患整改由单位的消防安全责任人督促落实。故不选 C。

案例资料中并未给出火灾发生后的报警信息，故不选 E。

8.【参考答案】ABCE

【解析】根据《机关、团体、企业、事业单位消防安全管理规定》第三十六条第一款规定，单位开展宣传教育和培训内容应当包括：（1）有关消防法规、消防安全制度和保障消防安全的操作规程；（2）本单位、本岗位的火灾危险性和防火措施；（3）有关消防设施的性能、灭火器材的使用方法；（4）报火警、扑救初起火灾以及自救逃生的知识和技能。故选 A、B、C、E。

根据该规定第三十六条第二款规定，公众聚集场所对员工的消防安全培训应当至少每半年进行一次,培训的内容还应当包括组织、引导在场群众疏散的知识和技能。根据《消防法》第七十三条第三项规定,公众聚集场所,是指宾馆、饭店、商场、集贸市场、客运车站候车室、客运码头候船厅、民用机场航站楼、体育场馆、会堂以及公共娱乐场所等。该仓库不属于公众聚集场所,因此,对员工开展消防安全培训的内容不包括组织、引导在场群众疏散的知识和技能。故不选 D。

9.【参考答案】ACDE

【解析】根据《机关、团体、企业、事业单位消防安全管理规定》和公安部《关于实施〈机关、团体、企业、事业单位消防安全管理规定〉有关问题的通知》中规定的消防安全重点单位的界定标准,总储存价值在 1 000 万元以上的可燃物品仓库是消防安全重点单位。根据案例资料,火灾给租用仓库的租户造成的直接经济损失总计人民币 5 914 万元。因此,该仓库属于消防安全重点单位。故选 A。

根据《仓储场所消防安全管理通则》第 5.1.1 条规定,仓储场所每月应至少组织一次防火检查,各部门(班组)每周应至少开展一次防火检查。故不选 B。

根据该通则第 5.2.1 条规定,属于消防安全重点单位的仓储场所应确定防火巡查人员,每日应进行防火巡查。故选 C。

根据《重大火灾隐患判定方法》第 6.2 条规定,生产、储存、经营易燃易爆危险品的场所与人员密集场所、居住场所设置在同一建筑物内,或与人员密集场所、居住场所的防火间距小于国家工程建设消防技术标准规定值的 75%,可以直接判定为存在重大火灾隐患。该仓库与居民楼设置在同一建筑物内,存在重大火灾隐患。故选 D。

根据该通则第 4.1 条第 9 项规定,属于消防安全重点单位的仓储场所,应当建立消防档案。故选 E。

10.【参考答案】ACDE

【解析】失火罪是指由于行为人的过失引起火灾,造成严重后果,危害公共安全的行为。最高人民检察院、公安部《关于公安机关管辖的刑事案件立案追诉标准的规定(一)》(以下简称《规定(一)》)第一条规定,过失引起火灾,涉嫌下列情形之一的,应予以立案追诉:(1)导致死亡一人以上,或者重伤三人以上的;(2)导致公共财产或者他人财产直接经济损失五十万元以上的;(3)造成十户以上家庭的房屋以及其他基本生活资料烧毁的;(4)造成森林火灾,过火有林地面积二公顷以上或者过火疏林地、灌木林地、未成林地、苗圃地面积四公顷以上的;(5)其他造成严重后果的情形。本案例中,谢某某违反消防法律法规和消防技术标准,在库房内违规敷设电线、违规搭建休息室、违规使用电暖器取暖。谢某某明知其行为可能引发火灾,危害到公共安全,由于轻信能够避免而最终引发火灾,造成直接经济损失总计人民币 5 914 万元,其行为构成失火罪。故选 A。

重大责任事故罪是指在生产、作业中违反有关安全管理的规定,因而发生重大伤亡事故或者造成其他严重后果的行为。失火罪和重大责任事故罪都属于过失犯罪,都可以引发火灾,造成严重后果,危害公共安全。二者的区别在于:重大责任事故罪必须是在生产、作业过程中,违反有关安全管理的规定,因而发生严重事故;而失火罪一般是由于在日常生活中用火不慎而引起火灾。本案中,谢某某使用电暖器取暖,因电线线路超负荷过热引燃周围可燃物引发火灾，符合失火罪的犯罪构成。因此，谢某某构成失火罪而不是重大责任事故罪。故不选 B。

重大劳动安全事故罪是指安全生产设施或者安全生产条件不符合国家规定，因而发生重大伤亡事故或者造成其他严重后果的行为。最高人民法院、最高人民检察院《关于办理危害生产安全刑事案件适用法律若干问题的解释》第六条规定，安全生产设施或者安全生产条件不符合国家规定，涉嫌下列情形之一的，应予以立案追诉：（1）造成死亡一人以上，或者重伤三人以上的；（2）造成直接经济损失一百万元以上的；（3）其他造成严重后果或者重大安全事故的情形。民兴公司变更居民区内原设计的室内通道的使用性质，改为仓库使用，且仓库因存在与居民楼设置在同一建筑物内，防火分隔不符合消防技术标准，消防设施、器材等硬件缺损，消防车通道被占用等情况，存在重大火灾隐患。民兴公司法定代表人马某某在明知该仓库不符合消防安全要求的情况下，为谋求经济利益，冒险经营，将仓库分隔出租，后由于谢某某的过失引发火灾，造成直接经济损失 5 914 万元。因此，马某某的行为构成重大劳动安全事故罪。故选 C。

消防责任事故罪是指违反消防管理法规，经消防监督机构通知采取改正措施而拒绝执行，造成严重后果，危害公共安全的行为。最高人民法院、最高人民检察院《关于办理危害生产安全刑事案件适用法律若干问题的解释》第六条规定，违反消防管理法规，经消防监督机构通知采取改正措施而拒绝执行，涉嫌下列情形之一的，应予立案追诉：（1）导致死亡一人以上，或者重伤三人以上的；（2）直接经济损失一百万元以上的；（3）其他造成严重后果或者重大安全事故的情形。刘某某作为仓库的经营管理人员，未依法履行消防管理职责，对于仓库因违反消防管理法规而产生的火灾隐患，经消防监督机构多次通知采取改正措施后，敷衍塞责，怠于履行整改意见，后由于谢某某的过失引发火灾，造成直接经济损失 5 914 万元，其行为构成消防责任事故罪。李某某作为宏达百货批发部库房负责人，未依法履行消防安全职责，对消防监督机构要求整改的火灾隐患始终没有进行整改，后由于谢某某的过失引发火灾，造成直接经济损失 5 914 万元，其行为构成消防责任事故罪。故选 D、E。

第二题

1.【参考答案】ACDE

【解析】根据《消防给水及消火栓系统技术规范》第 6.1.3 条规定，建筑物室外宜采用低压消防给水系统，当采用市政给水管网供水时，应采用两路消防供水，除建筑高度超过 54 m 的住宅外，室外消火栓设计流量小于或等于 20 L/s 时可采用一路消防供水；室外消火栓应由市政给水管网直接供水。故选 A、C，不选 B。根据该规范第 6.1.8 条规定，室内应采用高压或临时高压消防给水系统，且不应与生产、生活给水系统合用。故选 E。根据该规范第 7.4.13 条规定，建筑高度不大于 27 m 的住宅，当设置消火栓时，可采用干式消防竖管。故选 D。

2.【参考答案】CDE

【解析】根据《消防给水及消火栓系统技术规范》第 4.3.2 条规定，消防水池有效容积的计算应符合下列规定：（1）当市政给水管网能保证室外消防给水设计流量时，消防水池的有效容积应满足在火灾延续时间内室内消防用水量的要求；（2）当市政给水管网不能保证室外消防给水设计流量时，消防水池的有效容积应满足火灾延续时间内室内消防用水量和室外消防用水量不足部分之和的要求。本居民区属于第 2 类情况。消防水池的有效容积最小值应为：$3.6 \times 15 \times 2 = 108$（m³），故选 C、D、E。

3. 【参考答案】ABCE

【解析】根据《消防给水及消火栓系统技术规范》第 7.4.13 条规定，建筑高度不大于 27 m 的住宅，当设置消火栓时，可采用干式消防竖管，并应符合下列规定：（1）干式消防竖管宜设置在楼梯间休息平台，且仅应配置消火栓栓口。故选 A、B。（2）干式消防竖管应设置消防车供水的接口。（3）消防车供水接口应设置在首层便于消防车接近和安全的地点。故选 C。（4）竖管顶端应设置自动排气阀。故不选 D。根据该规范第 7.4.15 条规定，跃层住宅和商业网点的室内消火栓应至少满足一股充实水柱到达室内任何部位，并宜设置在户门附近。故选 E。

4. 【参考答案】BD

【解析】根据《消防给水及消火栓系统技术规范》第 5.2.1 条规定，临时高压消防给水系统的高位消防水箱的有效容积应满足初期火灾消防用水量的要求，二类高层住宅不应小于 12 m³。由该小区设置水箱尺寸可知，水箱容积为 24 m³，进水管在上，出水管在下，故不选 A、C。根据该规范第 5.2.6 条第 6 款规定，进水管应在溢流水位以上接入，进水管口的最低点高出溢流边缘的高度应等于进水管管径，但最小不应小于 100 mm，最大不应大于 150 mm。本题中消防水箱溢流管紧贴进水管，安装位置过高，故选 D。根据该规范第 5.2.6 条第 9 款规定，高位消防水箱出水管管径应满足消防给水设计流量的出水要求，且不应小于 DN100。故选 B。根据该规范第 5.2.6 条第 10 款规定，高位消防水箱出水管应位于高位消防水箱最低水位以下，并应设置防止消防用水进入高位消防水箱的止回阀。故不选 E。

5. 【参考答案】BC

【解析】根据《消防给水及消火栓系统技术规范》第 5.1.6 条第 4 款规定，消防水泵流量扬程性能曲线应为无驼峰、无拐点的光滑曲线，零流量时的压力不应大于设计工作压力的 140%，且宜大于设计工作压力的 120%。该建筑的消防水泵工作压力为 0.8 MPa，零流量的压力范围是 0.96 ~ 1.12 MPa。故选 B、C。

6. 【参考答案】CDE

【解析】根据《消防给水及消火栓系统技术规范》第 13.1.11 条规定，在消防水泵房打开试验排水管，管网压力降低，消防水泵出水干管上低压压力开关动作，自动启动消防水泵；消防给水系统的试验管放水或高位消防水箱排水管放水，高位消防水箱出水管上的流量开关动作自动启动消防水泵。高位消防水箱出水管上设置的流量开关的动作流量应大于系统管网的泄流量。本题应大于 0.75 L/s，故选 C、D、E。

7. 【参考答案】BDE

【解析】根据《消防给水及消火栓系统技术规范》第 5.2.2 条规定，高位消防水箱的设置位置应高于其所服务的水灭火设施，且最低有效水位应满足水灭火设施最不利点处的静水压力，其中高层住宅、二类高层公共建筑、多层公共建筑，不应低于 0.07 MPa；经题干数据估算，层高 3 m，水箱高 0.3 m，最高水位 2 m，水压为 0.053 MPa。故不选 A，选 B。根据该规范第 13.1.11 条规定，高位消防水箱出水管上设置的流量开关的动作流量应大于系统管网的泄流量。故不选 C。根据该规范第 5.1.16 条规定，临时高压消防给水系统应采取防止消防水泵低流量空转过热的技术措施。故选 D。根据该规范第 8.1.2 条规定，采用设有高位消防水箱的临时高压消防给水系统时，应采用环状给水管网。故选 E。

8.【参考答案】ACD

【解析】根据《消防给水及消火栓系统技术规范》第 13.1.11 条规定，联锁试验应符合下列要求：消防给水系统的试验管放水时，管网压力应持续降低，消防水泵出水干管上压力开关应能自动启动消防水泵；消防给水系统的试验管放水或高位消防水箱排水管放水时，高位消防水箱出水管上的流量开关应动作，且应能自动启动消防水泵。根据该规范第 11.0.4 条规定，消防水泵由消防水泵出水干管上设置的压力开关、高位消防水箱出水管上的流量开关，或报警阀压力开关等开关信号应能直接自动启动消防水泵。消防水泵房内的压力开关宜引入消防水泵控制柜内。根据题意可知，流量开关连接正常，故选 A，不选 B。根据该规范第 11.0.3 条规定，消防水泵应确保从接到启泵信号到水泵正常运转的自动启动时间不应大于 2 min。故选 C。根据该规范第 11.0.17 条规定，消防水泵的双路电源自动切换时间不应大于 2 s。故选 D。根据该规范第 11.0.19 条规定，消火栓按钮不宜作为直接启动消防水泵的开关，但可作为发出报警信号的开关或启动干式消火栓系统的快速启闭装置等。故不选 E。

9.【参考答案】ABE

【解析】根据《消防给水及消火栓系统技术规范》第 8.3.2 条规定，消防给水系统管道的最高点处宜设置自动排气阀。故选 A。根据该规范第 8.3.3 条规定，消防水泵出水管上的止回阀宜采用水锤消除止回阀，当消防水泵供水高度超过 24 m 时，应采用水锤消除器。故选 B。根据该规范第 8.3.4 条规定，减压阀的设置应符合下列规定：（1）减压阀后应设置压力试验排水阀。故不选 C。（2）垂直安装的减压阀，水流方向宜向下。故不选 D。（3）比例式减压阀宜垂直安装，可调式减压阀宜水平安装。故选 E。

第三题

1.【参考答案】设计喷水强度为 10.4 L/（min·m²），作用面积为 160 m²。

【解析】根据《自动喷水灭火系统设计规范》第 5.0.1 条规定，净空高度不超过 8 m 的中危险级 II 级场所，湿式系统的设计喷水强度为 8 L/（min·m²），作用面积为 160 m²。根据该规范第 5.0.11 条规定，预作用系统的喷水强度应按湿式系统的规定值确定。根据该规范第 5.0.13 条规定，装设网格、栅板类通透性吊顶的场所，系统的喷水强度应按原规定值的 1.3 倍确定，因此，本场所中自动喷水灭火系统的设计喷水强度应为 8×1.3=10.4 L/（min·m²）。

由题中所给材料可知，预作用系统为单联锁系统，因此根据《自动喷水灭火系统设计规范》第 5.0.11 条第 2 款，当系统采用仅由火灾自动报警系统直接控制预作用装置时，系统的作用面积应按该规范表 5.0.1、表 5.0.4–1 至表 5.0.4–5 的规定值确定。因此，作用面积取 160 m²。

2.【参考答案】喷头选型和设置均不符合要求，应选用直立型洒水喷头，设置于吊顶上方，喷头溅水盘距吊顶上表面大于或等于 900 mm。

【解析】根据《自动喷水灭火系统设计规范》第 6.1.4 条规定，干式系统、预作用系统应采用直立型洒水喷头或干式下垂型洒水喷头。而根据本题情况，喷头需设置在通透性吊顶内，因此，选用直立型洒水喷头更合理。

根据《自动喷水灭火系统设计规范》第 7.1.13 条规定，装设网格、栅板类通透性吊顶的场所，当通透面积占吊顶总面积的比例大于 70% 时，喷头应设置在吊顶上方，并符合下列规定：①通透性吊顶开口部位的净宽度不应小于 10 mm，且开口部位的厚度不应大于开口的最小宽度；②喷头间距及溅水盘与吊顶上表面的距离应符合表 7.1.13（见下表）的规定。

通透性吊顶场所喷头布置要求

火灾危险等级	喷头间距 S/m	溅水盘与吊顶上表面的最小距离 /mm
轻危险级、中危险级Ⅰ级	S ≤ 3	450
	3 < S ≤ 3.6	600
	S > 3.6	900
中危险级Ⅱ级	S ≤ 3	600
	S > 3	900

3.【参考答案】不正确。

（1）压力表表盘应竖直安装。

（2）压力表前应设缓冲管和控制阀门。

（3）排水管管径过小，应大于 75 mm。

【解析】

（1）根据《自动喷水灭火系统设计规范》第 6.5.2 条条文说明，末端试水装置如下图所示。

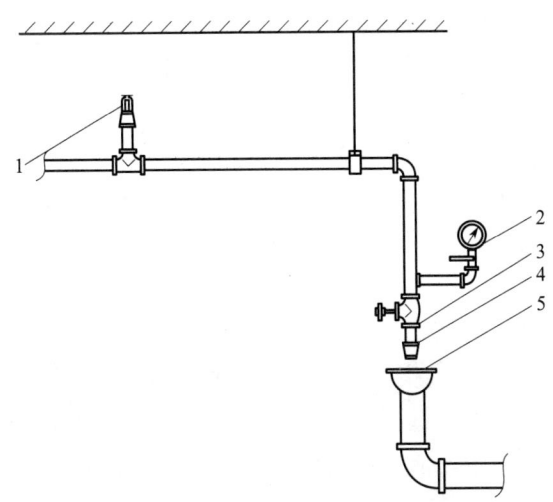

末端试水装置示意图
1—最不利点处喷头　2—压力表　3—球阀　4—试水接头　5—排水漏斗

（2）设置缓冲管是为了对压力表进行保护；设置控制阀门，便于检修更换压力表时切断管道。

（3）根据《自动喷水灭火系统设计规范》第6.5.2条规定，末端试水装置应由试水阀、压力表以及试水接头组成。试水接头出水口的流量系数，应等同于同楼层或防火分区内的最小流量系数洒水喷头。末端试水装置的出水，应采取孔口出流的方式排入排水管道，排水立管宜设伸顶通气管，且管径不应小于75 mm。

4.【参考答案】
（1）气体灭火系统的防护区超过8个，应设置两套组合分配系统。
（2）模拟启动试验数量不够，应至少针对3个防护区进行3次。
（3）模拟喷气试验数量不够，应每套组合分配系统进行1次。

【解析】
（1）根据《气体灭火系统设计规范》第3.1.4条规定，两个或两个以上的防护区采用组合分配系统时，一个组合分配系统所保护的防护区不应超过8个。
（2）根据《气体灭火系统施工及验收规范》第7.4.1条规定，系统功能验收时，应进行模拟启动试验的检查数量是按防护区或保护对象总数（不足5个按5个计）的20%检查。本工程中有13个防护区，应至少针对3个防护区进行检查。
（3）根据《气体灭火系统施工及验收规范》第7.4.2条规定，系统功能验收时，进行模拟喷气试验的检查数量是组合分配系统不应少于1个防护区或保护对象，柜式气体灭火装置、热气溶胶灭火装置等预制灭火系统应各取1套。

第四题

1.【参考答案】
（1）感烟探测器报火警后，不应还是故障报警声响。报火警后，火警信息优先故障信息，控制器应显示火灾声光报警信号。
（2）感烟探测器火灾确认灯在现场烟雾消散后，不应熄灭。要在控制器主机复位操作后方可熄灭。

【解析】根据《火灾报警控制器》第5.2.4.2条规定，当控制器内部、控制器与其连接的部件间发生故障时，控制器应在100 s内发出与火灾报警信号有明显区别的故障声、光信号。根据该规范第5.2.2.2条规定，当有火灾探测器火灾报警信号输入时，控制器应在10 s内发出火灾报警声、光信号。根据《火灾自动报警系统施工及验收标准》第4.3.2条规定，火灾报警控制器具有火警优先功能。故火警与故障状态并存时，应优先显示火警信息。

根据《火灾自动报警系统施工及验收标准》第4.3.5条规定，对点型感烟、点型感温、点型一氧化碳火灾探测器的火灾报警功能、复位功能应符合下列规定：①对可恢复探测器，应采用专用的检测仪器或模拟火灾的方法，使探测器监测区域的烟雾浓度、温度、气体浓度达到探测器的报警设定阈值；探测器的火警确认灯应点亮并保持。②火灾报警控制器应发出火灾声光报警信号，记录报警时间，显示报警部件类型和地址注释信息。③手动操作控制器的复位键后，控制器应处于正常监视状态，探测器的火警确认灯应熄灭。故感烟探测器火灾确认灯在现场烟雾消散后，不应熄灭。

2.【参考答案】

（1）检测人员不应进行维修工作，其不具备相应资质。建筑消防设施故障，相关人员应填写"建筑消防设施故障维修记录表"，应立即通知维修人员进行维修，维修期间，应采取确保消防安全的有效措施。

（2）控制器上显示水流指示器故障，实际上是消防模块反馈的。由于更换新的模块后，仍然故障，很可能是消防模块线路故障。具体可能是：

1）消防模块与底座接触不良。

2）总线与底座接触不良。

3）总线断路或短路。

【解析】根据《建筑消防设施的维护管理》第8.1条规定，从事建筑消防设施维修的人员，应当通过消防行业特有工种职业技能鉴定，持有技师以上等级职业资格证书；故检测人员不应进行维修工作。根据该规范第8.2条和第8.3条规定，值班、巡查、检测、灭火演练中发现建筑消防设施存在问题和故障的，相关人员应填写"建筑消防设施故障维修记录表"，并向单位消防安全管理人报告。单位消防安全管理人对建筑消防设施存在的问题和故障，应立即通知维修人员进行维修，维修期间应采取确保消防安全的有效措施。

火灾探测器常见故障原因有：探测器与底座脱落、接触不良；报警总线与底座接触不良；报警总线开路或接地性能不良造成短路；探测器本身损坏；探测器接口板故障。水流指示器消防模块与火灾探测器都属于编码器件，故障原因也类似。

3.【参考答案】

（1）设置问题：

1）红外光束感烟火灾探测器安装在距地面13 m高的墙面上，应为14 m以上。

2）红外光束感烟火灾探测器距侧墙10 m，距离过远，应在7 m以内。

（2）功能问题：

1）用减光率为0.5 dB的减光片遮挡红外光束感烟火灾探测器光路，不应报火警，且报警响应时间不应超过60 s。

2）用减光率为11.5 dB的减光片遮挡红外光束感烟火灾探测器光路，报故障时间过长，应不超过100 s。

【解析】根据《火灾自动报警系统设计规范》第6.2.15条规定，探测器的光束轴线至顶棚的垂直距离宜为0.3～1 m，距地高度不宜超过20 m；相邻两组探测器的水平距离不应大于14 m，探测器至侧墙水平距离不应大于7 m，且不应小于0.5 m，探测器的发射器和接收器之间的距离不宜超过100 m。中庭高度15 m的情况下，红外光束感烟火灾探测器安装在距地面13 m高的墙面上不符合规范要求，同样探测器距侧墙10 m也不符合规范要求。

根据《火灾自动报警系统施工及验收标准》第4.3.6条规定，对红外光束感烟火灾探测器用减光率为0.9 dB的减光片遮挡光路，探测器不应发出火灾报警信号；用减光率为11.5 dB的减光片遮挡光路，探测器应发出故障信号或火灾报警信号。故题目中用减光率为0.5 dB的减光片遮挡探测器光路不应报火警，用减光率为11.5 dB的减光片遮挡探测器光路报故障是正常的。

　　根据《火灾报警控制器》第5.2.4.2条规定，当控制器内部、控制器与其连接的部件间发生故障时，控制器应在100 s内发出与火灾报警信号有明显区别的故障声、光信号。根据该规范第5.2.2.2条规定，当有火灾探测器火灾报警信号输入时，控制器应在10 s内发出火灾报警声、光信号，对来自火灾探测器的火灾报警信号可设置报警延时，其最大延时不应超过1 min。故红外光束感烟火灾探测器报火警时间不应超过60 s，报故障时间不应超过100 s。

　　4.【参考答案】符合规范要求。消火栓按钮启动消火栓泵是联动启动，不是直接启泵，受消防联动控制器处于自动或手动状态影响，故消防联动控制器处于手动状态，消火栓按钮无法启泵；消防联动控制器处于自动状态时，消火栓按钮必须配合一个火灾信号"与"逻辑组合后才能启泵，故题目中描述的情况无法启泵。

　　【解析】根据《火灾自动报警系统设计规范》第4.3.1条规定，消火栓系统的联动控制方式，应由消火栓系统出水干管上设置的低压压力开关、高位消防水箱出水管上设置的流量开关或报警阀压力开关等信号作为触发信号，直接控制启动消火栓泵，联动控制不应受消防联动控制器处于自动或手动状态影响。当设置消火栓按钮时，消火栓按钮的动作信号应作为报警信号及启动消火栓泵的联动触发信号，由消防联动控制器联动控制消火栓泵的启动。故火灾报警控制器的联动功能设置为手动方式后，消火栓按钮无法启动消火栓泵是正常的。

　　根据该规范第4.1.1条规定，需要火灾自动报警系统联动控制的消防设备，其联动触发信号应采用两个独立的报警触发装置报警信号的"与"逻辑组合。故控制器的联动功能设置为自动方式后，消火栓按钮必须配合一个火灾报警信号"与"逻辑组合后才能启动消火栓泵。

　　5.【参考答案】
　　（1）联动控制器的手动控制盘故障。
　　（2）水泵控制柜内部故障。
　　（3）手动控制盘与水泵控制柜之间线路故障。
　　【解析】根据《火灾自动报警系统设计规范》第4.3.2条规定，应将消火栓泵控制箱（柜）的启动、停止按钮用专用线路直接连接至设置在消防控制室内的消防联动控制器的手动控制盘，并应直接手动控制消火栓泵的启动、停止。故消防控制室无法手动启泵的故障原因是手动控制盘故障、水泵控制柜故障或手动控制盘与水泵控制柜之间线路故障。根据《消防给水及消火栓系统技术规范》第11.0.1条规定，消防水泵控制柜在平时应使消防水泵处于自动启泵状态。故消火栓泵控制柜一直处于自动状态不影响消防控制室手动直接启泵功能。

　　6.【参考答案】
　　（1）两只感烟火灾探测器报警后，不应启动气体灭火系统。探测器启动气体灭火系统应采用感烟火灾探测器和感温火灾探测器两种不同类型。

（2）按下紧急停止按钮后，气体灭火控制器启动输出端电压应为0。如为24 V，会造成气体灭火装置启动。

【解析】根据《火灾自动报警系统设计规范》第4.4.2条规定，气体灭火控制器在接收到满足联动逻辑关系的首个联动触发信号后，应启动设置在该防护区内的火灾声光警报器，且联动触发信号应为任一防护区域内设置的感烟火灾探测器、其他类型火灾探测器或手动火灾报警按钮的首次报警信号；在接收到第二个联动触发信号后，应发出联动控制信号，且联动触发信号应为同一防护区域内与首次报警的火灾探测器或手动火灾报警按钮相邻的感温火灾探测器、火焰探测器或手动火灾报警按钮的报警信号。故第一个感烟探测器报警后，保护区内声光警报器启动是正确的，但气体灭火系统启动的第二个报警触发信号不能是感烟火灾探测器。

根据该规范第4.4.2条规定，联动控制信号应包括下列内容：关闭防护区域的送（排）风机及送（排）风阀门；停止通风和空气调节系统及关闭设置在该防护区域的电动防火阀；联动控制防护区域开口封闭装置的启动，包括关闭防护区域的门、窗；启动气体灭火装置，气体灭火控制器，可设定不大于30 s的延迟喷射时间。根据该规范第4.4.4条的规定，手动停止按钮按下时，气体灭火控制器、泡沫灭火控制器应停止正在执行的联动操作。对于除启动气体灭火装置外的联动控制可以不延时，在延时的30 s时间内，按下停止按钮，气体灭火装置就不应启动，即气体灭火控制器启动输出端电压应为0。

第五题

1.【参考答案】消防车登高操作场地的长度不符合要求，不应小于70 m。

该建筑消防车登高操作场地距离建筑外墙12 m，场地坡度5%均不符合要求，其中，消防车登高操作场地距离建筑外墙不应大于10 m，场地的坡度不宜大于3%。

【解析】根据《建筑设计防火规范》第7.2.1条规定，高层建筑应至少沿一个长边或周边长度的1/4且不小于一个长边长度的底边连续布置消防车登高操作场地，该范围内的裙房进深不应大于4 m。建筑高度不大于50 m的建筑，连续布置消防车登高操作场地确有困难时，可间隔布置，但间隔距离不宜大于30 m，且消防车登高操作场地的总长度仍应符合上述规定。

根据该规范第7.2.2条规定，消防车登高操作场地与厂房、仓库、民用建筑之间不应设置妨碍消防车操作的树木、架空管线等障碍物和车库出入口。场地的长度和宽度分别不应小于15 m和10 m。对于建筑高度大于50 m的建筑，场地的长度和宽度分别不应小于20 m和10 m。场地及其下面的建筑结构、管道和暗沟等，应能承受重型消防车的压力。场地应与消防车道连通，场地靠建筑外墙一侧的边缘距离建筑外墙不宜小于5 m，且不应大于10 m，场地的坡度不宜大于3%。

2.【参考答案】

（1）平面布置方面：建筑地下一层设置1个建筑面积为280 m²的舞厅，不满足规范要求，应为不大于200 m²。该建筑地下二层设置的变配电房、锅炉房和柴油发电机房，不满足规范要求，以上设备机房均设置在地下一层人员密集场所的下面，贴邻人员密集场所，故不符合规范要求。该建筑的消防水泵房设置在地下三层，不符合规范要求，消防水泵房不应设在地下三层及以下楼层或室内地面与室外出入口地坪高差大于 10 m 的地下楼层。

（2）防火分隔方面：该建筑的卡拉 OK 区域每间卡拉 OK 的房门均为防烟隔音门，不符合规范要求，应为乙级防火门。

【解析】根据《建筑设计防火规范》第 5.4.9 条规定，歌舞厅确需布置在地下或四层及以上楼层时，一个厅、室的建筑面积不应大于 200 m²。

根据《建筑设计防火规范》第 5.4.12 条规定，燃油或燃气锅炉、油浸变压器、充有可燃油的高压电容器和多油开关等，确需布置在民用建筑内时，不应布置在人员密集场所的上一层、下一层或贴邻。

根据该规范第 5.4.13 条规定，布置在民用建筑内的柴油发电机房宜布置在首层或地下一、二层。不应布置在人员密集场所的上一层、下一层或贴邻。

根据该规范第 8.1.6 条规定，附设在建筑内的消防水泵房，不应设置在地下三层及以下或室内地面与室外出入口地坪高差大于 10 m 的地下楼层。

根据该规范第 5.4.9 条规定，歌舞厅、录像厅、夜总会、卡拉 OK 厅（含具有卡拉 OK 功能的餐厅）、游艺厅（含电子游艺厅）、桑拿浴室（不包括洗浴部分）、网吧等歌舞娱乐放映游艺场所（不含剧场、电影院）的厅、室之间及与建筑的其他部位之间，应采用耐火极限不低于 2.00 h 的防火隔墙和耐火极限不低于 1.00 h 的不燃性楼板分隔，设置在厅、室墙上的门和该场所与建筑内其他部位相通的门均应采用乙级防火门。

3.【参考答案】该建筑地下一层商场部分的防火分区最大允许建筑面积不应大于 2 000 m²。

该建筑地下一层卡拉 OK 厅和舞厅部分的防火分区最大允许建筑面积不应大于 1 000 m²。

【解析】地下一层设置有商店、卡拉 OK 厅和舞厅。根据《建筑设计防火规范》第 5.3.4 条规定，一、二级耐火等级建筑内的商店营业厅、展览厅，当设置自动灭火系统和火灾自动报警系统并采用不燃或难燃装修材料，设置在地下或半地下时，其每个防火分区的最大允许建筑面积不应大于 2 000 m²。

根据该规范第 5.3.1 条规定，当建筑内设置自动灭火系统时，防火分区最大允许建筑面积可按规定增加 1 倍。

地下或半地下建筑的允许建筑高度或层数、防火分区最大允许建筑面积

名称	耐火等级	允许建筑高度或层数	防火分区的最大允许建筑面积 /m²	备注
地下或半地下建筑（室）	一级	—	500	设备用房的防火分区最大允许建筑面积不应大于 1 000 m²

4.【参考答案】该建筑需要设置避难层。理由：该建筑高度为 135 m，大于 100 m。避难层的设置要求有：

（1）第一个避难层（间）的楼地面至灭火救援场地地面的高度不应大于 50 m，两个避难层（间）之间的高度不宜大于 50 m。

（2）通向避难层（间）的疏散楼梯应在避难层分隔、同层错位或上下层断开。

（3）避难层（间）的净面积应能满足设计避难人数避难的要求，并宜按 5 人 /m^2 计算。

（4）避难层可兼作设备层。设备管道宜集中布置，其中的易燃、可燃液体或气体管道应集中布置，设备管道区应采用耐火极限不低于 3.00 h 的防火隔墙与避难区分隔。管道井和设备间应采用耐火极限不低于 2.00 h 的防火隔墙与避难区分隔，管道井和设备间的门不应直接开向避难区；确需直接开向避难区时，与避难层区出入口的距离不应小于 5 m，且应采用甲级防火门。避难间内不应设置易燃、可燃液体或气体管道，不应开设除外窗、疏散门之外的其他开口。

（5）避难层应设置消防电梯出口。

（6）应设置消火栓和消防软管卷盘。

（7）应设置消防专线电话和应急广播。

（8）在避难层（间）进入楼梯间的入口处和疏散楼梯通向避难层（间）的出口处，应设置明显的指示标志。

（9）应设置直接对外的可开启窗口或独立的机械防烟设施，外窗应采用乙级防火窗。

【解析】根据《建筑设计防火规范》第 5.5.23 条规定，建筑高度大于 100 m 的公共建筑，应设置避难层（间）。

第六题

1.【参考答案】仓库耐火等级为一级。

【解析】根据《建筑设计防火规范》第 3.2.1 条表 3.2.1 规定，本题给出的构件的耐火极限部分符合一级耐火等级的要求。

根据该规范第 3.2.11 条规定，采用自动喷水灭火系统保护的一级耐火等级单、多层厂房（仓库）的屋顶承重构件，其耐火极限不应低于 1.00 h。该仓库若为一级耐火等级，则屋顶承重构件耐火极限可以为 1.00 h。

2.【参考答案】该仓库的火灾危险性为乙类 6 项储存场所。

一层储存搪瓷和陶瓷制品为戊类储存场所。

二层储存酚醛泡沫及其制品为丁类储存场所。

三层储存油纸、油布属于乙类 6 项储存场所。

四至六层储存动植物油属于丙类 1 项储存场所。

地下储存石膏制品，每件石膏制品重 50 kg，其木质包装重 15 kg。可燃包装质量超过物品质量的 1/4，为丙类 2 项储存场所。

【解析】根据《建筑设计防火规范》第 3.1.4 条规定，同一座仓库或仓库的任一防火分区内储存不同火灾危险性物品时，仓库或防火分区的火灾危险性应按火灾危险性最大的物品确定。故本题该仓库的火灾危险性为乙类 6 项储存场所。

3. 【参考答案】

存在问题①：该仓库地上共 6 层。

解决方法：改变仓库的储存物质种类，改变其火灾危险性类别。将储存物质为乙类 6 项的油纸、油布以及丙类 1 项的动植物油等物质换成丙类 2 项的物质。

存在问题②：该仓库占地面积 3 200 m²。

解决方法：主要的解决方法是改变仓库的储存物质种类，改变其火灾危险性类别。将储存物质为乙类 6 项的油纸、油布以及丙类 1 项的动植物油等物质换成丙类 2 项的物质。丙类 2 项一级耐火等级的多层仓库最大允许占地面积为 4 800 m²。

存在问题③：办公室和员工宿舍在仓库内。

解决方法：应将办公室和员工宿舍移出仓库。

【解析】该仓库地上共 6 层，不合理。该建筑火灾危险性为乙类 6 项，耐火等级为一级，该仓库高度为 3.9×6=23.4（m），故该仓库为多层仓库。根据《建筑设计防火规范》第 3.3.2 条表 3.3.2 规定，丙类 6 项，一级耐火等级的多层仓库的最多允许层数为 5 层。

该仓库占地面积 3 200 m²，不合理。根据《建筑设计防火规范》第 3.3.2 条表 3.3.2 规定，一级耐火等级的乙类 6 项物品多层仓库，最大占地面积不应超过 1 500 m²；根据该规范第 3.3.3 条规定，仓库内设置自动灭火系统时，除冷库的防火分区外，每座仓库的最大允许占地面积和每个防火分区的最大允许建筑面积可按该规范第 3.3.2 条的规定增加 1 倍。本题设自动喷水灭火系统时，不应大于 3 000 m²，故该仓库占地面积 3 200 m²，不合理。主要的解决方法是改变仓库的储存物质种类，改变其火灾危险性类别。

根据《建筑设计防火规范》第 3.3.9 条规定，员工宿舍严禁设置在仓库。办公室、休息室等严禁设置在甲、乙类仓库内，也不应贴邻。由于本题仓库为乙类 6 项，故应将办公室和员工宿舍移出仓库。

4. 【参考答案】

（1）一层储存搪瓷和陶瓷制品为戊类储存场所，划分 1 个防火分区。

（2）二层储存酚醛泡沫及其制品为丁类储存场所，划分 1 个防火分区。

（3）三层储存油纸、油布为乙类 6 项储存场所，划分 3 个防火分区。

（4）四至六层储存动植物油为丙类 1 项储存场所，每层划分 2 个防火分区。

（5）地下储存石膏制品为丙类 2 项储存场所，划分 5 个防火分区。

【解析】根据《建筑设计防火规范》第 3.3.2 条表 3.3.2 规定，一、二级耐火等级的多层戊类储存场所每个防火分区最大允许建筑面积为 2 000 m²，一、二级耐火等级的多层丁类储存场所每个防火分区最大允许建筑面积为 1 500 m²，一、二级耐火等级的多层丙类 1 项场所储存场所每个防火分区最大允许建筑面积为 700 m²，一、二级耐火等级的多层乙类 6 项仓库每个防火分区最大允许建筑面积为 500 m²，一、二级耐火等级的地下丙类 2 项仓库每个防火分区最大允许建筑面积为 300 m²。根据该规范第 3.3.3 条规定，仓库内设置自动灭火系统时，除冷库的防火分区外，每座仓库的最大允许占地面积和每个防火分区的最大允许建筑面积可按该规范第 3.3.2 条的规定增加 1 倍。

5.【参考答案】

存在问题①：仓库首层的疏散门为卷帘门。

整改措施：应采取向疏散方向开启的平开门。

存在问题②：首层两个安全出口最近边缘之间的水平距离为 4 m。

整改措施：首层两个安全出口最近边缘之间的水平距离不应小于 5 m。

【解析】根据《建筑设计防火规范》第 6.4.11 条第 2 款规定，建筑内的疏散门应符合下列规定：仓库的疏散门应采用向疏散方向开启的平开门，但丙、丁、戊类仓库首层靠墙的外侧可采用推拉门或卷帘门。本题仓库为乙类仓库，首层的疏散门不应为卷帘门，应采取向疏散方向开启的平开门。

根据该规范第 3.8.1 条规定，仓库的安全出口应分散布置。每个防火分区或一个防火分区的每个楼层，其相邻 2 个安全出口最近边缘之间的水平距离不应小于 5 m。

消防安全案例分析
模考通关试卷（四）参考答案及解析

第一题

1.【参考答案】BCD

【解析】根据《消防安全责任制实施办法》第四条第一款规定，机关、团体、企业、事业等单位是消防安全的责任主体，法定代表人、主要负责人或实际控制人是本单位、本场所消防安全责任人，对本单位、本场所消防安全全面负责。故选B、C、D。

在承包、租赁的情况下，建筑产权人不一定是单位的工作人员，实际管理人负责单位的日常管理，二者均不能全面负责本单位消防安全管理工作。故不选A、E。

2.【参考答案】BCDE

【解析】根据《消防法》第十六条第一款规定，机关、团体、企业、事业等单位应当履行下列消防安全职责：（1）落实消防安全责任制，制定本单位的消防安全制度、消防安全操作规程，制定灭火和应急疏散预案；（2）按照国家标准、行业标准配置消防设施、器材，设置消防安全标志，并定期组织检验、维修，确保完好有效；（3）对建筑消防设施每年至少进行一次全面检测，确保完好有效，检测记录应当完整准确，存档备查；（4）保障疏散通道、安全出口、消防车通道畅通，保证防火防烟分区、防火间距符合消防技术标准；（5）组织防火检查，及时消除火灾隐患；（6）组织进行有针对性的消防演练；（7）法律法规规定的其他消防安全职责。根据《公共娱乐场所消防安全管理规定》第二条规定，公共娱乐场所是指向公众开放的下列室内场所：（1）影剧院、录像厅、礼堂等演出、放映场所；（2）舞厅、卡拉OK厅等歌舞娱乐场所；（3）具有娱乐功能的夜总会、音乐茶座和餐饮场所；（4）游艺、游乐场所；（5）保龄球馆、旱冰场、桑拿浴室等营业性健身、休闲场所。因此，该歌厅属于公共娱乐场所。根据《机关、团体、企业、事业单位消防安全管理规定》和公安部《关于实施〈机关、团体、企业、事业单位消防安全管理规定〉有关问题的通知》中规定的消防安全重点单位的界定标准，建筑面积在200 m^2 以上的公共娱乐场所属于消防安全重点单位。该歌厅建筑面积918.5 m^2，属于消防安全重点单位。根据《消防法》第十七条第二款规定，消防安全重点单位除应当履行该法第十六条规定的职责外，还应当履行下列消防安全职责：（1）确定消防安全管理人，组织实施本单位的消防安全管理工作；（2）建立消防档案，确定消防安全重点部位，设置防火标志，实行严格管理；（3）实行每日防火巡查，并建立巡查记录；（4）对职工进行岗前消防安全培训，定期组织消防安全培训和消防演练。故选 B、C、D、E。

根据《消防法》第三十三条规定，国家鼓励、引导公众聚集场所和生产、储存、运输、销售易燃易爆危险品的企业投保火灾公众责任保险。对于火灾公众责任保险，国家采取的是鼓励、引导的政策，并不是单位必须履行的消防安全职责。故不选 A。

3. 【参考答案】AD

【解析】根据《公共娱乐场所消防安全管理规定》第二条规定，该歌厅属于公共娱乐场所。根据《消防法》第七十三条第三项，公众聚集场所是指宾馆、饭店、商场、集贸市场、客运车站候车室、客运码头候船厅、民用机场航站楼、体育场馆、会堂以及公共娱乐场所等。因此，该歌厅属于公众聚集场所。根据《消防法》第五十八条第一款第四项规定，公众聚集场所未经消防救援机构许可，擅自投入使用、营业的，或者经核查发现场所使用、营业情况与承诺内容不符的，由住房和城乡建设主管部门、消防救援机构按照各自职权责令停止施工、停止使用或者停产停业，并处三万元以上三十万元以下罚款。也就是说，消防救援机构按照职权可直接对违法行为做出处罚，不需要责令限期改正的前置条件。故选 A、D，不选 B、C、E。

4. 【参考答案】ABCE

【解析】根据《消防法》第七十三条第四项规定，该歌厅属于人员密集场所。孔某和郭某某见火势迅速蔓延、无法控制，匆匆逃离歌厅，未组织、引导二、三层包间内人员疏散，导致 12 人死亡，28 人受伤，违反了《消防法》第四十四条第二款的规定：人员密集场所发生火灾，该场所的现场工作人员应当立即组织、引导在场人员疏散。故选 A。

发生火灾后，孔某未及时报警并阻止郭某某报警，违反了《消防法》第四十四条第一款规定：任何人发现火灾都应当立即报警。任何单位、个人都应当无偿为报警提供便利，不得阻拦报警。故选 B、C。

火灾发生后，孔某采用脚踹、踩踏起火物的方式进行火灾扑救，但未能有效控制火势。这属于方法选取不当，但不是违反《消防法》的行为。故不选 D。

歌厅发生火灾后，作为该歌厅的消防安全责任人，孔某没有启动灭火和应急疏散预案并组织力量扑救火灾而是自顾逃离，违反了《消防法》第四十四条第三款的规定：任何单位发生火灾，必须立即组织力量扑救。故选 E。

5. 【参考答案】ABCD

【解析】根据《机关、团体、企业、事业单位消防安全管理规定》第三十八条第一款规定，下列人员应当接受消防安全专门培训：(1)单位的消防安全责任人、消防安全管理人；(2)专、兼职消防管理人员；(3)消防控制室的值班、操作人员；(4)其他依照规定应当接受消防安全专门培训的人员。故选 A、B、C、D。

根据该规定第三十六条规定，单位应当组织新上岗和进入新岗位的员工进行上岗前的消防安全培训。故不选 E。

6. 【参考答案】ABCE

【解析】根据《机关、团体、企业、事业单位消防安全管理规定》第三十九条规定，消防安全重点单位制定的灭火和应急疏散预案的组织机构包括灭火行动组、通讯联络组、疏散引导组、安全防护救护组。故选 A、B、C、E，不选 D。

7.【参考答案】ACDE

【解析】根据《消防法》第十六条第一款第一项规定，机关、团体、企业、事业等单位应当制定灭火和应急疏散预案，即消防安全重点单位和非消防安全重点单位都应当制定灭火和应急疏散预案。故选 A。

报警的对象为"119"火警台（"三台合一"的地区为"110"指挥中心）、单位值班领导、消防控制中心等。故不选 B。

灭火和应急疏散预案的演练需要做好应急保障。应在信息材料、物资设备、通信器材和演练情景模型等方面做好物资和器材保障。其中信息材料包括应急预案和演练方案的纸质文本、演示文档、图表、地图、软件等。物资设备包括各种应急抢险物资、特种装备、办公设备、录音摄像设备、信息显示设备等。故选 C。

根据《机关、团体、企业、事业单位消防安全管理规定》第四十条第一款规定，消防安全重点单位应当按照灭火和应急疏散预案，至少每半年进行一次演练，并结合实际，不断完善预案。其他单位应当结合本单位实际，参照制定相应的应急方案，至少每年组织一次演练。故选 D。

编制灭火和应急疏散预案，一般来说，首先，应成立预案编制工作组。针对可能发生的火灾事故，结合本单位部门职能分工，成立以单位主要负责人或分管负责人为组长，单位相关部门人员参加的预案编制工作组，也可以委托专业机构提供技术服务，明确工作职责和任务分工，制订预案编制工作计划，组织开展预案编制工作。其次，开展调查研究，收集资料，客观评估。再次，科学计算，确定人员力量和器材装备等；确定灭火救援应急行动意图。最后，严格审查，不断完善。故选 E。

8.【参考答案】ABDE

【解析】单位应当按照国家有关规定，结合本单位的特点，建立健全各项消防安全制度和保障消防安全的操作规程。根据《机关、团体、企业、事业单位消防安全管理规定》第十八条第二款规定，单位消防安全制度主要包括以下内容：消防安全教育、培训；防火巡查、检查；安全疏散设施管理；消防（控制室）值班；消防设施、器材维护管理；火灾隐患整改；用火、用电安全管理；易燃易爆危险物品和场所防火防爆；专职和志愿消防队的组织管理；灭火和应急疏散预案演练；燃气和电气设备的检查和管理（包括防雷、防静电）；消防安全工作考评和奖惩；其他必要的消防安全内容。故选 A、B、E。

为充分发挥政府及相关部门在重大火灾隐患督促整改中的作用，明确重大火灾隐患整改责任单位、责任人和期限，确保重大火灾隐患得到有效整改，各地制定了重大火灾隐患挂牌督办制度。做出挂牌督办决定的是县级以上地方各级人民政府，因此，重大火灾隐患挂牌督办制度不属于单位消防安全制度。故不选 C。

根据《消防安全责任制实施办法》第十七条第五项规定，容易造成群死群伤火灾的人员密集场所、易燃易爆单位和高层、地下公共建筑等火灾高危单位，还应当建立消防安全评估制度，由具有资质的机构定期开展评估，评估结果向社会公开。该歌厅属于人员密集场所,故选 D。

9.【参考答案】ABCD

【解析】根据《消防法》第六十条第一款规定,单位违反该法规定,有下列行为之一的,责令改正,处五千元以上五万元以下罚款:(一)消防设施、器材或者消防安全标志的配置、设置不符合国家标准、行业标准,或者未保持完好有效的;(二)损坏、挪用或者擅自拆除、停用消防设施、器材的;(三)占用、堵塞、封闭疏散通道、安全出口或者有其他妨碍安全疏散行为的;(四)埋压、圈占、遮挡消火栓或者占用防火间距的;(五)占用、堵塞、封闭消防车通道,妨碍消防车通行的;(六)人员密集场所在门窗上设置影响逃生和灭火救援的障碍物的;(七)对火灾隐患经消防救援机构通知后不及时采取措施消除的。东侧安全出口被堆放的货物封堵属于堵塞安全出口的行为;一至三层房间外窗及楼梯间二至三层外窗被封堵,建筑一层的外窗安装有防盗网属于人员密集场所在门窗上设置影响逃生和灭火救援的障碍物的行为;火灾自动报警系统控制主机电源插头未连接插座属于擅自停用消防设施的行为;消火栓箱内无水带属于消防设施、器材未保持完好有效的行为。故选 A、B、C、D。

根据《消防法》第六十四条第三项规定,在火灾发生后阻拦报警的,尚不构成犯罪的,处十日以上十五日以下拘留,可以并处五百元以下罚款;情节较轻的,处警告或者五百元以下罚款。故不选 E。

10.【参考答案】ABDE

【解析】根据《机关、团体、企业、事业单位消防安全管理规定》第四十二条规定,消防安全基本情况应当包括以下内容:(1)单位基本概况和消防安全重点部位情况;(2)建筑物或者场所施工、使用或者开业前的消防设计审核、消防验收以及消防安全检查的文件、资料;(3)消防管理组织机构和各级消防安全责任人;(4)消防安全制度;(5)消防设施、灭火器材情况;(6)专职消防队、志愿消防队人员及其消防装备配备情况;(7)与消防安全有关的重点工种人员情况;(8)新增消防产品、防火材料的合格证明材料;(9)灭火和应急疏散预案。根据该规定第十八条第二款规定,单位消防安全制度主要包括火灾隐患整改制度等内容。故选 A、B、D、E。

根据该规定第四十三条规定,灭火和应急疏散预案的演练记录属于消防安全管理情况。故不选 C。

第二题

1.【参考答案】ACDE

【解析】根据《消防给水及消火栓系统技术规范》第4.3.2条规定,当市政给水管网能保证室外消防给水设计流量时,消防水池的有效容积应满足在火灾延续时间内室内消防用水量的要求。根据该规范第3.6.2条规定,医院公共建筑火灾延续时间不小于 2 h。根据《自动喷水灭火系统设计规范》第5.0.16条规定,除该规范另有规定外,自动喷水灭火系统的持续喷水时间应按火灾延续时间不小于 1 h 确定。由此计算消防水池的最小容积应为 $V=3.6\times20\times2+3.6\times60\times1=360$($m^3$),故不选 B。根据该规范第4.3.6条规定,消防水池的总蓄水有效容积大于 500 m^3 时,宜设两格能独立使用的消防水池;当大于 1 000 m^3 时,应设置能独立使用的两座消防水池。每格（或座）消防水池应设置独立的出水管，并应设置满足最低有效水位的连通管，且其管径应能满足消防给水设计流量的要求。消防水池的最小容积为 360 m³ < 500 m³，可以单格设置。故选 A。

根据《消防给水及消火栓系统技术规范》第 7.2.8 条规定，当市政给水管网设有市政消火栓时，其平时运行工作压力不应小于 0.14 MPa，火灾时水力最不利市政消火栓的出流量不应小于 15 L/s，且供水压力从地面算起不应小于 0.1 MPa。根据《汽车库、修车库、停车场设计防火规范》第 7.1.3 条规定，当室外消防给水采用低压给水系统时，消防给水管道内的压力应保证灭火时最不利点消火栓的水压不小于 0.1 MPa。由消防设施维保机构检测记录可知，地下车库最不利点消火栓的水压测试出水压力为 0.14 MPa，水量为 20 L/s，室外消火栓系统采用低压消防给水系统满足规范要求。故选 D。

根据《消防给水及消火栓系统技术规范》第 5.2.2 条规定，高位消防水箱的设置位置应高于其所服务的水灭火设施，且最低有效水位应满足水灭火设施最不利点处的静水压力，一类高层公共建筑，不应低于 0.1 MPa，但当建筑高度超过 100 m 时，不应低于 0.15 MPa；当高位消防水箱不能满足静压要求时，应设稳压泵。医院建筑属于一类高层，由消防设施维保机构检测记录可知，最不利点消火栓静水压为 0.07 MPa，不能满足规范要求，需要设置由稳压泵稳压的临时高压消防给水系统。故选 C。

根据该规范第 4.3.1 条规定，当采用一路消防供水或只有一条入户引入管，且室外消火栓设计流量大于 20 L/s 或建筑高度大于 50 m 时应设置消防水池。由题干可知，在地下一层设有消防水池和消防水泵房，故选 E。

2.【参考答案】ABDE

【解析】根据《消防给水及消火栓系统技术规范》第 5.2.1 条规定，临时高压消防给水系统的高位消防水箱的有效容积应满足初期火灾消防用水量的要求：一类高层公共建筑，不应小于 36 m³，但当建筑高度大于 100 m 时，不应小于 50 m³，当建筑高度大于 150 m 时，不应小于 100 m³。故选 A。

根据该规范第 5.2.4 条规定，严寒、寒冷等冬季冰冻地区的消防水箱应设置在消防水箱间内，其他地区宜设置在室内，当必须在屋顶露天设置时，应采取防冻、隔热等安全措施。故选 B。

根据该规范第 4.3.9 条规定，消防水箱的出水管应保证消防水池的有效容积能被全部利用；消防水箱应设置就地水位显示装置，并应在消防控制中心或值班室等地点设置显示消防水池水位的装置，同时应有最高和最低报警水位。故不选 C。消防水箱应设溢流水管和排水设施，并应采用间接排水。故选 D。

根据该规范第 5.2.3 条规定，高位消防水箱可采用热浸镀锌钢板、钢筋混凝土、不锈钢板等建造。故选 E。

3.【参考答案】ABCE

【解析】根据《消防给水及消火栓系统技术规范》第 5.2.6 条规定，高位消防水箱应符合下列规定：（1）进水管的管径应满足消防水箱 8 h 充满水的要求，但管径不应小于 DN32，进水管宜设置液位阀或浮球阀。故选 A、B，不选 D。（2）进水管应在溢流水位以上接入，进水管口的最低点高出溢流边缘的高度应等于进水管管径，但最小不应小于 100 mm，最大不应大于 150 mm。故选 C。（3）当进水管为淹没出流时，应在进水管上设置防止倒流的措施或在管道上设置虹吸破坏孔和真空破坏器，虹吸破坏孔的孔径不宜小于管径的 1/5，且不应小于 25 mm。但当采用生活给水系统补水时，进水管不应淹没出流。故选 E。

4.【参考答案】BE

【解析】根据《消防给水及消火栓系统技术规范》第 5.2.6 条规定，高位消防水箱应符合下列规定：（1）高位消防水箱出水管管径应满足消防给水设计流量的出水要求，且不应小于 DN100。故不选 A。（2）高位消防水箱出水管应位于高位消防水箱最低水位以下，并应设置防止消防用水进入高位消防水箱的止回阀。故选 B，不选 C。（3）高位消防水箱的进、出水管应设置带有指示启闭装置的阀门。故不选 D。（4）溢流管的直径不应小于进水管直径的 2 倍，且不应小于 DN100，溢流管的喇叭口直径不应小于溢流管直径的 1.5～2.5 倍。故选 E。

5.【参考答案】ABD

【解析】根据《消防给水及消火栓系统技术规范》第 14.0.3 条规定，水源的维护管理应符合下列规定：（1）每月应对消防水池、高位消防水池、高位消防水箱等消防水源设施的水位等进行一次检测。故选 A。（2）消防水池（箱）玻璃水位计两端的角阀在不进行水位观察时应关闭。故选 B。（3）在冬季每天应对消防储水设施进行室内温度和水温检测，当结冰或室内温度低于 5 ℃时，应采取确保不结冰和室温不低于 5 ℃的措施。故选 D，不选 E。水位 4 m，体积为 40 m³，满足一类高层公共建筑不应小于 36 m³ 的需求。故不选 C。

6.【参考答案】CD

【解析】根据《消防给水及消火栓系统技术规范》第 14.0.7 条规定，每季度应对消火栓进行一次外观和漏水检查，发现有不正常的消火栓应及时更换。故不选 A。根据该规范第 14.0.8 条规定，每季度应对消防水泵接合器的接口及附件进行一次检查，并应保证接口完好、无渗漏、闷盖齐全。故不选 B。根据该规范第 7.4.12 条规定，室内消火栓栓口压力和消防水枪充实水柱，应符合下列规定：消火栓栓口动压力不应大于 0.5 MPa，当大于 0.7 MPa 时必须设置减压装置。故选 C。根据该规范第 5.3.3 条规定，稳压泵的设计压力应保持系统最不利点处水灭火设施在准工作状态时的静水压力应大于 0.15 MPa。故选 D。根据《汽车库、修车库、停车场设计防火规范》第 7.1.5 条规定，除该规范另有规定外，汽车库、修车库、停车场应设置室外消火栓系统，消防给水管道内的压力应保证灭火时最不利点消火栓的水压不小于 0.1 MPa，Ⅰ类、Ⅱ类汽车库、修车库、停车场，不应小于 20 L/s。医院车库停车位大于 300 个，属于Ⅰ类车库。故不选 E。

7.【参考答案】BD

【解析】根据《消防给水及消火栓系统技术规范》第 14.0.4 条规定，消防水泵和稳压泵等供水设施的维护管理应符合下列规定：（1）每月应手动启动消防水泵运转一次，并应检查供电电源的情况。故不选 A。（2）每周应模拟消防水泵自动控制的条件自动启动消防水泵运转一次,且应自动记录自动巡检情况,每月应检测记录。故选B。(3)每季度应对消防水泵的出流量和压力进行一次试验。故不选C。(4)每月应对气压水罐的压力和有效容积等进行一次检测。故选D。(5)每日应对稳压泵的停泵启泵压力和启泵次数等进行检查和记录运行情况。根据该规范第5.3.4条规定,设置稳压泵的临时高压消防给水系统应设置防止稳压泵频繁启停的技术措施,当采用气压水罐时,其调节容积应根据稳压泵启泵次数不大于15次/h计算确定,但有效储水容积不宜小于150 L。故不选E。

8.【参考答案】BDE

【解析】根据《消防给水及消火栓系统技术规范》第5.5.12条规定,附设在建筑物内的消防水泵房,不应设置在地下三层及以下,或室内地面与室外出入口地坪高差大于10 m的地下楼层。故不选A。附设在建筑物内的消防水泵房,应采用耐火极限不低于2.00 h的隔墙和1.50 h的楼板与其他部位隔开,其疏散门应直通安全出口,且开向疏散走道的门应采用甲级防火门。故选B,不选C。根据该规范第5.5.1条规定,消防水泵的重量为0.5～3 t时,宜设置手动起重设备。故选D。根据该规范第5.5.2条规定,消防水泵房的主要通道宽度不应小于1.2 m。故选E。

9.【参考答案】ADE

【解析】根据《消防给水及消火栓系统技术规范》第9.2.1条规定,下列建筑物和场所内应采取消防排水措施:消防水泵房;设有消防给水系统的地下室;消防电梯的井底;仓库。故选A、D、E。

第三题

1.【参考答案】
(1)仓库危险级Ⅲ级。
(2)货架内洒水喷头的工作压力不应小于0.1 MPa。

【解析】
(1)根据《自动喷水灭火系统设计规范》附录A设置场所火灾危险等级举例可知,储存物品为A组塑料与橡胶及其制品,沥青制品等的仓库为仓库危险级Ⅲ级。
(2)根据《自动喷水灭火系统设计规范》第5.0.8条规定,货架仓库的最大净空高度或最大储物高度超过该规范第5.0.5条的规定时,应设货架内置洒水喷头,且货架内置洒水喷头上方的层间隔板应为实层板。货架内置洒水喷头的设置应符合下列规定:当采用流量系数等于80的标准覆盖面积洒水喷头时,工作压力不应小于0.2 MPa;当采用流量系数等于115的标准覆盖面积洒水喷头时,工作压力不应小于0.1 MPa。

2.【参考答案】
(1)14个。
(2)130 L/s。
【解析】
(1)根据《自动喷水灭火系统设计规范》第5.0.8条第3款规定,洒水喷头间距不应大于 3 m，且不应小于 2 m。计算货架内开放洒水喷头数量不应小于该规范表 5.0.8（见下表）的规定。

货架内开放洒水喷头数量

仓库危险级	货架内置洒水喷头的层数 / 层		
	1	2	> 2
Ⅰ级	6	12	14
Ⅱ级	8	14	
Ⅲ级	10		

注：货架内置洒水喷头超过 2 层时，计算流量应按最顶层 2 层，且每层开放洒水喷头数按本表规定值的 1/2 确定。

（2）屋顶下喷淋的设计流量为 95 L/s，货架内喷淋的设计流量为 35 L/s，起火时屋顶下喷淋与货架内喷淋可能同时启动，因此，自动喷水灭火系统的设计流量为两部分之和。

3.【参考答案】
（1）屋顶下喷头溅水盘距顶板 0.16 m 不符合要求，应不小于 75 mm，不大于 150 mm。
（2）自地面起每 4 m 设置一层货架内置洒水喷头不符合要求，应自地面起每 1.5～3 m 设置一层货架内置洒水喷头。
（3）最高层货架内置洒水喷头与储存货物顶部的距离为 0.14 m 不符合要求，不应小于 150 mm。

【解析】
（1）根据《自动喷水灭火系统设计规范》第 7.1.6 条规定，除吊顶型洒水喷头及吊顶下设置的洒水喷头外，直立型、下垂型标准覆盖面积洒水喷头和扩大覆盖面积洒水喷头溅水盘与顶板的距离应为 75～150 mm。
（2）根据《自动喷水灭火系统设计规范》第 5.0.8 条第 1 款规定，仓库危险级Ⅰ级、Ⅱ级场所应在自地面起每 3 m 设置一层货架内置洒水喷头，仓库危险级Ⅲ级场所应在自地面起每 1.5～3 m 设置一层货架内置洒水喷头，且最高层货架内置洒水喷头与储物顶部的距离不应超过 3 m。
（3）根据《自动喷水灭火系统设计规范》第 7.1.9 条规定，货架内置洒水喷头宜与顶板下洒水喷头交错布置，其溅水盘与上方层板的距离应符合该规范第 7.1.6 条的规定，与其下部储物顶面的垂直距离不应小于 150 mm。

4.【参考答案】
（1）自动喷水灭火系统中未设置消防水箱。
（2）消防水箱设置高度过低且无稳压泵，其供水压力无法开启湿式报警阀。
（3）消防水箱向自动喷水灭火系统供水的出水管路阀门关闭。

【解析】打开湿式报警阀出口处的排水阀，报警阀前后压力表同步降低，水力警铃和压力开关未报警，说明报警阀没有开启，而喷淋泵手动启动后出水正常，说明报警阀没有故障，无法开启是由于供水管路压力不足造成的。

5.【参考答案】该仓库室内消火栓系统可不设置水泵接合器,自动喷水灭火系统应设置水泵接合器。

【解析】根据《消防给水及消火栓系统技术规范》第5.4.1条规定,下列场所的室内消火栓给水系统应设置消防水泵接合器:①高层民用建筑;②设有消防给水的住宅、超过5层的其他多层民用建筑;③超过2层或建筑面积大于10 000 m²的地下或半地下建筑(室)、室内消火栓设计流量大于10 L/s平战结合的人防工程;④高层工业建筑和超过4层的多层工业建筑;⑤城市交通隧道。本题中仓库不在此范围内,因此,其室内消火栓系统不需设置水泵接合器。

根据《消防给水及消火栓系统技术规范》第5.4.2条规定,自动喷水灭火系统、水喷雾灭火系统、泡沫灭火系统和固定消防炮灭火系统等水灭火系统,均应设置消防水泵接合器。故其自动喷水灭火系统应设置水泵接合器。

第四题

1.【参考答案】

(1)功能不正常,消防联动控制器联动启动信号发出时间过长。在接收到满足联动的火灾报警信号后,应在3 s内发出联动启动信号。

(2)消防联动控制器功能检测还应包含:

1)检查自检功能和操作级别。

2)检查消音和复位功能。

3)检查故障报警功能:控制器与备用电源之间的连线故障;控制器与配接部件之间的连线故障。

4)检查屏蔽功能。

5)检查总线隔离器的隔离保护功能。

6)检查控制器手动和自动工作状态转换显示功能。

7)检查主、备电源的自动转换功能。

8)检查控制器的负载功能。

【解析】根据《消防联动控制系统》第4.2.3.2条规定,消防联动控制器与火灾报警控制器之间的连接线断路、短路和影响功能的接地时,消防联动控制器应在100 s内发出与火灾报警信号有明显区别的故障声、光信号。故50 s内显示故障信息并发出故障声音正确。根据该规范第4.2.2.2条规定,消防联动控制器在接收到火灾报警信号后,应在3 s内发出启动信号。故题目描述中消防联动控制器联动启动信号发出时间过长。

根据《火灾自动报警系统施工及验收标准》第4.5.2条规定,应对消防联动控制器下列主要功能进行检查并记录:①自检功能;②操作级别;③屏蔽功能;④主、备电源的自动转换功能;⑤故障报警功能(备用电源连线故障报警功能、配接部件连线故障报警功能);⑥总线隔离器的隔离保护功能;⑦消音功能;⑧控制器的负载功能;⑨复位功能;⑩控制器自动和手动工作状态转换显示功能。

2.【参考答案】

(1)测试区域的防火卷帘的联动控制功能正常,用作防火分隔的防火卷帘在火灾确认后应直接下落到底。

（2）未下落的防火卷帘故障原因可能有：

1）消防模块故障。

2）消防模块与防火卷帘之间控制线路故障。

3）防火卷帘控制器故障。

【解析】根据《火灾自动报警系统设计规范》第4.6.4条规定，非疏散通道上设置的防火卷帘由防火卷帘所在防火分区内任两只独立的火灾探测器的报警信号，作为防火卷帘下降的联动触发信号，并应联动控制防火卷帘直接下降到楼板面。故防火卷帘都下降到地面是正确的。由题目描述可知，在消防中控室显示所有防火卷帘已动作，表明防火卷帘配接的消防模块都正常动作了，消防联动控制器的联动控制逻辑正常。

故障防火卷帘能够正常现场手动下降，说明防火卷帘供电线路和电机自身没有问题。根据《火灾自动报警系统施工及验收标准》第4.5.1条规定，消防联动控制器调试时，应在接通电源前按以下顺序做好准备工作：应将消防联动控制器与火灾报警控制器连接；应将任一备调回路的输入/输出模块与消防联动控制器连接；应将备调回路的模块与其控制的受控设备连接。由此可知，消防联动控制器是通过消防模块与防火卷帘控制箱相连。根据题目描述可知，有问题的防火卷帘没有报故障，说明联动控制器和消防模块之间线路正常，因此，很可能是消防模块、防火卷帘控制箱或两个设备之间的线路出了故障。

3.【参考答案】排烟系统的联动控制功能不正常。因为一层中庭处用防火卷帘与其他空间隔开，说明中庭处是单独的防烟分区，中庭处两只探测器报警只能开启中庭处的排烟阀和排烟风机，不应开启整层的排烟阀。此外，消防联动控制器应在15 s内联动开启相应防烟分区的排烟阀和排烟风机。

【解析】根据《火灾自动报警系统设计规范》第4.5.2条规定，排烟系统的联动控制应由同一防烟分区内的两只独立的火灾探测器的报警信号，作为排烟口、排烟窗或排烟阀开启的联动触发信号，并应由消防联动控制器联动控制排烟口、排烟窗或排烟阀的开启；应由排烟口、排烟窗或排烟阀开启的动作信号，作为排烟风机启动的联动触发信号，并应由消防联动控制器联动控制排烟风机的启动。说明中庭处两只探测器报警联动开启排烟阀和排烟风机是正常的。

根据《建筑防烟排烟系统技术标准》第5.2.3条规定，当火灾确认后，火灾自动报警系统应在15 s内联动开启相应防烟分区的全部排烟阀、排烟口、排烟风机和补风设施。根据该标准第5.2.4条规定，当火灾确认后，担负两个及以上防烟分区的排烟系统，应仅打开着火防烟分区的排烟阀或排烟口，其他防烟分区的排烟阀或排烟口应呈关闭状态。说明中庭处两只探测器报警只能联动开启中庭处的排烟阀和排烟风机，且要在15 s以内。

4.【参考答案】

（1）集中控制集中电源型应急标志灯具。

（2）消防应急灯具未转入应急工作状态的原因可能是应急照明集中控制器内部故障或应急照明集中电源故障。

【解析】根据《消防应急照明和疏散指示系统技术标准》第2.0.11条条文说明，集中控制型消防应急照明及疏散指示系统的组成分为两种不同的方式：灯具的蓄电池电源采用集中电源供电方式时，系统由应急照明控制器、集中电源集中控制型消防应急灯具、应急照明集中电源等系统部件组成。因此，损坏的消防应急标志灯应更换为集中控制集中电源型应急标志灯具。

灯具采用集中电源供电方式的集中控制型系统的系统架构如下图所示。十一层、十二层以外的消防应急灯具均未转入应急工作状态，可能是线路故障或设备故障造成的。如灯具配电回路出故障，则应急照明控制器会有故障提示；如通信回路出故障，根据该标准第3.6.3条规定，集中电源与灯具的通信中断时，非持续型灯具的光源应急点亮，持续型灯具的光源由节电点亮模式转入应急点亮模式。根据该标准第3.6.4条规定，应急照明控制器与集中电源的通信中断时，集中电源应联锁控制其配接的非持续型照明灯的光源应急点亮，持续型灯具的光源由节电点亮模式转入应急点亮模式。根据题目描述无此情况，说明通信回路正常。考虑到十一层、十二层的消防应急灯具不可能都坏了，所以很可能是集中电源或应急照明控制器出了故障。

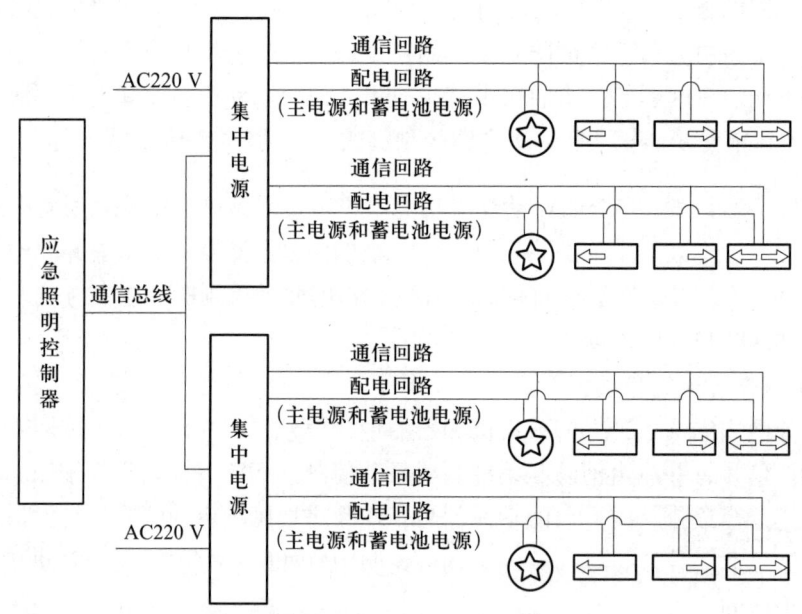

集中电源供电方式的集中控制型系统架构图

5.【参考答案】

（1）不正常，图形显示装置接收火灾报警控制器发出的火灾报警信号，应在3 s内进入火灾报警状态。

（2）消防控制室图形显示装置功能检测还应包含：

1）检查通信故障报警功能。

2）检查消音和复位功能。

3）检查图形显示功能：建筑总平面显示功能；保护对象的建筑平面图显示功能；系统图显示功能。

4）检查信号接收和显示功能。

5）检查信息记录功能。

【解析】根据《火灾自动报警系统设计规范》第 3.4.2 条规定，消防控制室内设置的消防控制室图形显示装置应能显示该规范附录 A 规定的建筑物内设置的全部消防系统及相关设备的动态信息和该规范附录 B 规定的消防安全管理信息。故显示建筑内各消防用电设备的供电电源和备用电源的工作状态，能显示日常防火巡查记录是正确的。根据《消防联动控制系统》第 4.9.1.3 条规定，消防控制室图形显示装置应能接收火灾报警控制器发出的火灾报警信号，并能在 3 s 内进入火灾报警状态，显示相应信息，故此功能不正常。根据该规范第 4.9.1.9 规定，消防控制室图形显示装置不能对控制器进行复位、系统设定以及联动设备的启动和停止等控制操作，故图形显示装置无法对控制器进行复位操作是正确的。

根据《火灾自动报警系统施工及验收标准》第 4.11.1 条规定，应对消防联动控制器图形显示装置下列主要功能进行检查并记录：①图形显示功能，包括建筑总平面显示功能；保护对象的建筑平面图显示功能；系统图显示功能。②通信故障报警功能。③消音功能。④信号接收和显示功能。⑤信息记录功能。⑥复位功能。

第五题

1.【参考答案】该建筑的消防水泵房不应设置在室内地面与室外出入口地坪高差大于 10 m 的地下楼层，本题地下二层室内地面与室外出入口地坪高差为 12 m，故不符合要求。

【解析】根据《建筑设计防火规范》第 8.1.6 条规定，附设在建筑内的消防水泵房，不应设置在地下三层及以下或室内地面与室外出入口地坪高差大于 10 m 的地下楼层。

2.【参考答案】游艺厅设置在四层，一个厅室的建筑面积不应大于 200 m²，题干中一个厅室的面积为 252 m²，不符合要求。儿童游乐厅应布置在二级耐火等级建筑的首层、二层或三层，本题设置在了四层，不符合要求。

【解析】根据《建筑设计防火规范》第 5.4.9 条规定，歌舞厅、录像厅、夜总会、卡拉 OK 厅（含具有卡拉 OK 功能的餐厅）、游艺厅（含电子游艺厅）、桑拿浴室（不包括洗浴部分）、网吧等歌舞娱乐放映游艺场所（不含剧场、电影院）确需布置在地下或四层及以上楼层时，一个厅、室的建筑面积不应大于 200 m²。

根据《建筑设计防火规范》第 5.4.4 条规定，托儿所、幼儿园的儿童用房和儿童游乐厅等儿童活动场所设置在一、二级耐火等级的建筑内时，应布置在首层、二层或三层。

3.【参考答案】排烟风机的控制方式应符合下列规定：
（1）现场手动启动。
（2）火灾自动报警系统自动启动。
（3）消防控制室手动启动。
（4）系统中任一排烟阀或排烟口开启时，排烟风机、补风机自动启动。
（5）排烟防火阀在 280 ℃时应自行关闭，并应连锁关闭排烟风机和补风机。

【解析】参见《建筑防烟排烟系统技术标准》第 5.2.2 条。

4.【参考答案】保温材料使用了模塑聚苯板，燃烧性能不达标。
在楼板处应每层用防火封堵材料对空腔进行防火封堵。

【解析】根据《建筑防火通用规范》第 6.6.5 条规定，设置人员密集场所的建筑，其外墙外保温材料的燃烧性能应为 A 级。

根据《建筑设计防火规范》第 6.7.9 条规定，建筑外墙外保温系统与基层墙体、装饰层之间的空腔，应在每层楼板处采用防火封堵材料封堵。

第六题

1.【参考答案】该制鞋厂房耐火等级为二级耐火等级。中间仓库的火灾危险性为甲类 2 项。地下原料仓库的火灾危险性为甲类 2 项。地下一层锅炉房为丁类。变配电室为丙类厂房。该制鞋厂房为丙类厂房。

【解析】根据《建筑设计防火规范》第 3.2.12 条规定，除甲、乙类仓库和高层仓库外，一、二级耐火等级建筑的非承重外墙，当采用不燃性墙体时，其耐火极限不应低于 0.25 h；当采用难燃性墙体时，不应低于 0.50 h。根据该规范第 3.2.13 条规定，二级耐火等级厂房（仓库）内的房间隔墙，当采用难燃性墙体时，其耐火极限应提高 0.25 h。根据该规范第 3.2.14 条规定，二级耐火等级多层厂房和多层仓库内采用预应力钢筋混凝土的楼板，其耐火极限不应低于 0.75 h。根据该规范第 3.2.15 条规定，一、二级耐火等级厂房（仓库）的上人平屋顶，其屋面板的耐火极限分别不应低于 1.50 h 和 1.00 h。本题表中所列的燃烧性能和耐火极限符合二级耐火等级。

二层中间仓库储存的物质为二甲胺，其爆炸下限为 2.8%，小于 10%，故中间仓库的火灾危险性为甲类 2 项。地下仓库储存物质有环氧乙烷，其爆炸下限为 3%，小于 10%，故地下原料仓库的火灾危险性为甲类 2 项。

根据《建筑设计防火规范》第 3.1.1 条及其条文说明，地下一层锅炉房为丁类，变配电室（每台装油量大于 60 kg）为丙类厂房。

2.【参考答案】

存在问题①：地下一层仓库为甲类仓库。

解决方法：应将甲类物质移出仓库。

存在问题②：中间仓库设置在二层中间部位。

解决方法：应设置在顶层靠外墙部位。

存在问题③：中间仓库采用耐火极限不低于 1.00 h 的不燃性楼板进行分隔。

解决方法：甲类中间仓库应采用防火墙和耐火极限不低于 1.50 h 的不燃性楼板与其他部位分隔。

存在问题④：锅炉房在地下一层中间部位。

解决方法：应设在靠外墙部位。

存在问题⑤：锅炉房采用耐火极限 1.50 h 的防火隔墙与其他部位分隔。

解决方法：应采用耐火极限不低于 2.00 h 的防火隔墙和 1.50 h 的不燃性楼板分隔。或者将锅炉房采用二级耐火等级的建筑独立建造。

存在问题⑥：消防水泵房设置在室内地面与室外出入口地坪高差大于 10 m 的地下楼层。

解决方法：可设置在地下一层，或单独设置。

存在问题⑦：消防水泵房采用耐火极限 1.50 h 的防火隔墙与其他部位分隔。
解决方法：采用耐火极限不低于 2.00 h 的防火隔墙和 1.50 h 的楼板与其他部位分隔。
存在问题⑧：消防控制室设置在地下二层。
解决方法：应该设置在首层或地下一层靠外墙部位，并且疏散门直通室外或安全出口。

【解析】根据《建筑设计防火规范》第 3.3.4 条规定，甲、乙类生产场所（仓库）不应设置在地下或半地下。

根据该规范第 3.3.6 条规定，厂房内设置中间仓库时，应符合下列规定：甲、乙类中间仓库应靠外墙布置，其储量不宜超过 1 昼夜的需要量；甲、乙、丙类中间仓库应采用防火墙和耐火极限不低于 1.50 h 的不燃性楼板与其他部位分隔。

根据该规范第 5.4.12 条规定，燃油或燃气锅炉、油浸变压器、充有可燃油的高压电容器和多油开关等，宜设置在建筑外的专用房间内；确需贴邻民用建筑布置时，应采用防火墙与所贴邻的建筑分隔，且不应贴邻人员密集场所，该专用房间的耐火等级不应低于二级；确需布置在民用建筑内时，不应布置在人员密集场所的上一层、下一层或贴邻，并应符合下列规定：燃油或燃气锅炉房、变压器室应设置在首层或地下一层的靠外墙部位。锅炉房、变压器室等与其他部位之间应采用耐火极限不低于 2.00 h 的防火隔墙和 1.50 h 的不燃性楼板分隔。在隔墙和楼板上不应开设洞口，确需在隔墙上设置门、窗时，应采用甲级防火门、窗。

根据该规范第 8.1.6 条规定，消防水泵房的设置应符合下列规定：附设在建筑内的消防水泵房，不应设置在地下三层及以下或室内地面与室外出入口地坪高差大于 10 m 的地下楼层；疏散门应直通室外或安全出口。根据该规范第 6.2.7 条规定，附设在建筑内的消防控制室、灭火设备室、消防水泵房和通风空气调节机房、变配电室等，应采用耐火极限不低于 2.00 h 的防火隔墙和 1.50 h 的楼板与其他部位分隔。

根据该规范第 8.1.7 条规定，消防控制室的设置应符合下列规定：附设在建筑内的消防控制室，宜设置在建筑内首层或地下一层，并宜布置在靠外墙部位；疏散门应直通室外或安全出口。

3.【参考答案】地上每层可以设 1 个防火分区，地下每层可以设 2 个防火分区。

【解析】该厂房为丙类多层厂房，耐火等级为二级，根据《建筑设计防火规范》第 3.3.1 条规定，地上每层防火分区最大允许建筑面积为 4 000 m²，地下为 500 m²。根据该规范第 3.3.3 条规定，厂房内设置自动灭火系统时，每个防火分区的最大允许建筑面积可按该规范第 3.3.1 条的规定增加 1 倍。该制鞋厂房设置了自动喷水灭火系统，故地上每层防火分区最大允许建筑面积为 8 000 m²，地下为 1 000 m²，该厂房地上每层面积为 2 880 m²，地下每层面积为 2 000 m²，因此，地上每层可以设 1 个防火分区，地下每层可以设 2 个防火分区。

4.【参考答案】
存在问题①：地上楼梯间的门采用能阻挡烟气的双向弹簧门，错误。
整改措施：应采用乙级防火门。

存在问题②：地下部分封闭楼梯间在首层用耐火极限 1.50 h 的防火隔墙与车间分隔。

整改措施：地下防烟楼梯间在首层采用耐火极限不低于 2.00 h 的防火隔墙与其他部分分隔，并直通室外。

【解析】根据《建筑设计防火规范》第 6.4.2 条规定，人员密集的多层丙类厂房的封闭楼梯间的门应采用乙级防火门。

根据该规范第 6.4.4 条规定，应在首层采用耐火极限不低于 2.00 h 的防火隔墙与其他部位分隔并应直通室外，确需在隔墙上开门时，应采用乙级防火门。

5.【参考答案】应采取的防爆措施主要有：应采用不发火花的地面；采用绝缘材料作整体面层时，应采取防静电措施；内表面应平整、光滑，并易于清扫；厂房内不宜设置地沟，确需设置时，其盖板应严密，地沟应采取防止可燃气体、可燃蒸气和粉尘、纤维在地沟积聚的有效措施，且应在与相邻厂房连通处采用防火材料密封。

【解析】根据《建筑设计防火规范》第 3.6.6 条规定，散发较空气重的可燃气体、可燃蒸气的甲类厂房和有粉尘、纤维爆炸危险的乙类厂房，应符合下列规定：应采用不发火花的地面。采用绝缘材料作整体面层时，应采取防静电措施；散发可燃粉尘、纤维的厂房，其内表面应平整、光滑，并易于清扫；厂房内不宜设置地沟，确需设置时，其盖板应严密，地沟应采取防止可燃气体、可燃蒸气和粉尘、纤维在地沟积聚的有效措施，且应在与相邻厂房连通处采用防火材料密封。

消防安全案例分析
模考通关试卷（五）参考答案及解析

第一题

1.【参考答案】ABE

【解析】根据《机关、团体、企业、事业单位消防安全管理规定》第四条规定，法人单位的法定代表人或者非法人单位的主要负责人是单位的消防安全责任人，对本单位的消防安全工作全面负责。因此，该商厦的法定代表人陈某是该商厦的消防安全责任人。根据该规定第六条规定，单位的消防安全责任人应当履行下列消防安全职责：（1）贯彻执行消防法规，保障单位消防安全符合规定，掌握本单位的消防安全情况；（2）将消防工作与本单位的生产、科研、经营、管理等活动统筹安排，批准实施年度消防工作计划；（3）为本单位的消防安全提供必要的经费和组织保障；（4）确定逐级消防安全责任，批准实施消防安全制度和保障消防安全的操作规程；（5）组织防火检查，督促落实火灾隐患整改，及时处理涉及消防安全的重大问题；（6）根据消防法规的规定建立专职消防队、志愿消防队；（7）组织制定符合本单位实际的灭火和应急疏散预案，并实施演练。故选A、B、E。

根据该规定第七条规定，单位的消防安全管理人对单位的消防安全责任人负责，实施和组织落实下列消防安全管理工作：（1）拟订年度消防工作计划，组织实施日常消防安全管理工作；（2）组织制定消防安全制度和保障消防安全的操作规程并检查督促其落实；（3）拟订消防安全工作的资金投入和组织保障方案；（4）组织实施防火检查和火灾隐患整改工作；（5）组织实施对本单位消防设施、灭火器材和消防安全标志的维护保养，确保其完好有效，确保疏散通道和安全出口畅通；（6）组织管理专职消防队和志愿消防队；（7）在员工中组织开展消防知识、技能的宣传教育和培训，组织灭火和应急疏散预案的实施和演练；（8）单位消防安全责任人委托的其他消防安全管理工作。故不选C、D。

2.【参考答案】ACE

【解析】根据《注册消防工程师管理规定》第三十四条规定，注册消防工程师在每个注册有效期内应当达到继续教育要求。根据该规定第十七条第三款规定，逾期未申请初始注册的，应当参加继续教育，并在达到继续教育的要求后方可申请初始注册。根据该规定第十八条第二款规定，逾期申请初始注册的，还应当提交达到继续教育要求的证明材料。根据该规定第十九条规定，注册有效期满需继续执业，申请延续注册的，应提交继续教育的证明材料。故选A。

根据《注册消防工程师继续教育实施办法》第三条规定，注册消防工程师继续教育的对象是年龄未超过70周岁，且已经取得"中华人民共和国注册消防工程师资格证书"的人员。故不选 B。

根据该办法第十一条规定，注册消防工程师继续教育主要采取网络教学形式，省级消防救援机构可以采取实操培训、集中面授等多种形式开展补充教学。故选 C。

根据该办法第十条规定，注册消防工程师每年接受继续教育的时间累计不少于 20 学时。故不选 D。

根据该办法第九条规定，注册消防工程师继续教育主要内容包括：消防法律法规和职业道德、消防技术标准、消防安全管理规范和消防安全领域的新技术、新标准等。故选 E。

3.【参考答案】BCD

【解析】根据《机关、团体、企业、事业单位消防安全管理规定》第三十一条规定，对下列违反消防安全规定的行为，单位应当责成有关人员当场改正并督促落实：（1）违章进入生产、储存易燃易爆危险物品场所的；（2）违章使用明火作业或者在具有火灾、爆炸危险的场所吸烟、使用明火等违反禁令的；（3）将安全出口上锁、遮挡，或者占用、堆放物品影响疏散通道畅通的；（4）消火栓、灭火器材被遮挡影响使用或者被挪作他用的；（5）常闭式防火门处于开启状态，防火卷帘下堆放物品影响使用的；（6）消防设施管理、值班人员和防火巡查人员脱岗的；（7）违章关闭消防设施、切断消防电源的；（8）其他可以当场改正的行为。故选 B、C、D。

4.【参考答案】BDE

【解析】根据《消防控制室通用技术要求》第 4.2.2 条规定，消防控制室的值班应急程序应符合下列要求：（1）接到火灾警报后，值班人员应立即以最快方式确认；（2）火灾确认后，值班人员应立即确认火灾报警联动控制开关处于自动状态，同时拨打"119"报警，报警时应说明着火单位地点、起火部位、着火物种类、火势大小、报警人姓名和联系电话；（3）值班人员应立即启动单位内部应急疏散和灭火预案，并同时报告单位负责人。故选 B、D、E。

5.【参考答案】BDE

【解析】根据《机关、团体、企业、事业单位消防安全管理规定》第四十条规定，消防安全重点单位应当按照灭火和应急疏散预案，至少每半年进行一次演练，并结合实际，不断完善预案。该商厦属于消防安全重点单位，应至少每半年进行一次演练。故不选 A。

根据《社会单位灭火和应急疏散预案编制及实施导则》第 7.3.1 条规定，在火灾多发季节或有重大活动保卫任务的单位，应组织全要素综合演练。单位内的有关部门应结合实际适时组织专项演练。故选 B。

发现火灾时，起火部位现场员工应当于 1 min 内形成灭火第一战斗力量，在第一时间内采取相应措施。故不选 C。

根据该规定第四十三条规定，消防安全管理情况包括灭火和应急疏散预案的演练记录等内容，灭火和应急疏散预案的演练记录应当记明演练的时间、地点、内容、参加部门以及人员等。故选 D。

根据《社会单位灭火和应急疏散预案编制及实施导则》第 7.3.4-4 条规定，灭火和应急疏散预案演练结束后，指挥机构应组织相关部门或人员总结讲评会议，全面总结消防演练情况，提出改进意见，形成书面报告，通报全体承担任务人员。总结报告应包括以下内容：a）通过演练发现的主要问题；b）对演练准备情况的评价；c）对预案有关程序、内容的建议和改进意见；d）对训练、器材设备方面的改进意见；e）演练的最佳顺序和时间建议；f）对演练情况设置的意见；g）对演练指挥机构的意见等。故选 E。

6.【参考答案】ACDE

【解析】根据《重大火灾隐患判定方法》第 7.7.2 条规定，火灾自动报警系统不能正常运行，属于综合判定要素。故选 A。根据该规范第 6.8 条规定，在人员密集场所违反消防安全规定使用、储存或销售易燃易爆危险品，属于直接判定要素。故不选 B。根据该规范第 7.9.5 条规定，违反国家工程建设消防技术标准的规定在人员密集场所使用易燃、可燃材料装修、装饰，属于综合判定要素。故选 C。根据该规范第 7.1.1 条规定，未按国家工程建设消防技术标准的规定或城市消防规划的要求设置消防车道或消防车道被堵塞、占用，属于综合判定要素。故选 D。根据该规范第 7.3.10 条规定，人员密集场所的外窗被封堵或被广告牌等遮挡，属于综合判定要素。故选 E。

7.【参考答案】ADE

【解析】根据《消防法》第六十五条规定，人员密集场所使用不合格的消防产品或者国家明令淘汰的消防产品的，责令限期改正；逾期不改正的，处 5 000 元以上 50 000 元以下罚款，并对其直接负责的主管人员和其他直接责任人员处 500 元以上 2 000 元以下罚款；情节严重的，责令停产停业。故选 A、D。消防救援机构除依法对使用者予以处罚外，应当将发现不合格的消防产品和国家明令淘汰的消防产品的情况通报产品质量监督部门、工商行政管理部门。故选 E。

8.【参考答案】CDE

【解析】根据《机关、团体、企业、事业单位消防安全管理规定》第二十五条规定，公众聚集场所在营业期间的防火巡查应当至少每 2 h 一次。故不选 A。防火巡查人员应当及时纠正违章行为，妥善处置火灾危险，无法当场处置的，应当立即报告。故不选 B。营业结束时应当对营业现场进行检查，消除遗留火种。故选 C。根据该规定第二十六条规定，机关、团体、事业单位应当至少每季度进行一次防火检查，其他单位应当至少每月进行一次防火检查。故选 D。

9.【参考答案】ABCE

【解析】根据《机关、团体、企业、事业单位消防安全管理规定》第三十六条第一款规定，单位对员工开展宣传教育和培训内容应当包括：（1）有关消防法规、消防安全制度和保障消防安全的操作规程；（2）本单位、本岗位的火灾危险性和防火措施；（3）有关消防设施的性能、灭火器材的使用方法；（4）报火警、扑救初起火灾以及自救逃生的知识和技能。故选 A、B、E。根据该规定第三十六条第二款规定，公众聚集场所对员工的消防安全培训内容还应当包括组织、引导在场群众疏散的知识和技能。该商厦属于公众聚集场所，故选 C。

根据《建筑消防设施的维护管理》第 8.1 条规定，从事建筑消防设施维修的人员，应当通过消防行业特有工种职业技能鉴定，持有技师以上等级职业资格证书。根据该规范第 9.1.2 条规定，从事建筑消防设施保养的人员，应通过消防行业特有工种职业技能鉴定，持有高级技能以上等级职业资格证书。因此，建筑消防设施的维修、保养具有很强的专业性，不属于单位对员工开展宣传教育和培训的内容。故不选 D。

10.【参考答案】AD

【解析】根据《消防法》第二十一条第二款规定，进行电焊、气焊等具有火灾危险作业的人员和自动消防系统的操作人员，必须持证上岗，并遵守消防安全操作规程。故选 A、D。

根据《机关、团体、企业、事业单位消防安全管理规定》第三十八条第一款规定，单位的消防安全责任人；消防安全管理人；专、兼职消防管理人员等应当接受消防安全专门培训，不需要持证上岗。故不选 B、C、E。

第二题

1.【参考答案】BD

【解析】根据《消防给水及消火栓系统技术规范》第 3.3.2 条规定，建筑物室外消火栓设计流量不应小于表 3.3.2 的规定，成组布置的建筑物应按消火栓设计流量较大的相邻两座建筑物的体积之和确定。两座仓库的体积为：15×700×2=21 000（m³），故选 B，不选 A。根据该规范第 3.5.2 条规定，建筑物室内消火栓设计流量不应小于表 3.5.2 的规定，应为 15 L/s，故不选 C。

仓库区的室内消防给水系统设计流量应为室内消火栓和自动喷水灭火系统用量之和，室内消火栓设计流量为 25 L/s，由于设置自动喷水灭火系统，仓库室内消火栓设计流量可减半为 12.5 L/s。因此，仓库室内消防给水的设计流量为 12.5+50=62.5（L/s），故选 D。厂区临时高压消防给水设计流量为厂区最大一座建筑的室内消防用水量，办公楼为 15 L/s，仓库为 62.5 L/s，取仓库，故不选 E。

2.【参考答案】ACD

【解析】根据《消防给水及消火栓系统技术规范》第 3.6.1 条规定，消防给水一起火灾灭火用水量应按需要同时作用的室内、外消防给水用水量之和计算，两座及以上建筑合用时，应取最大者。根据该规范第 3.6.2 条规定，丙类仓库的消火栓系统的火灾延续时间为 3 h。

仓库区的室外消防用水量：V_1=3.6×35×3=378（m³），故不选 B。

仓库区的室内消防用水量为消火栓系统和自动喷水灭火系统的用量之和。根据《自动喷水灭火系统设计规范》附录 A，该仓库区为仓库危险级 II 级，根据该规范第 5.0.4 条，该仓库自动喷水灭火系统的灭火延续时间为 2 h。

仓库区的室内消防用水量：V_2=3.6×12.5×3+3.6×50×2=135+360=495（m³），故选 C。

仓库区的消防给水用量：V_1+V_2=378+495=873（m³），故选 A。

根据《消防给水及消火栓系统技术规范》第 3.6.2 条规定，其他公共建筑的消火栓系统的火灾延续时间为 2 h。办公楼体积为 9 000 m³，室外消防给水设计流量为 25 L/s。

办公楼室外消防给水用量：V_1=3.6×25×2=180（m³）。

办公楼室内消防给水用量：V_2=3.6×15×2=108（m³）。

办公楼消防给水用量：V_1+V_2=180+108=288（m³），故选 D。

根据《消防给水及消火栓系统技术规范》第 3.1.1 条规定，工厂、仓库、堆场、储罐区或民用建筑的室外消防用水量，应按同一时间内的火灾起数和一起火灾灭火所需室外消防用水量确定。仓库和民用建筑同一时间内的火灾起数应按一起确定。

根据该规范第 3.1.2 条规定，一起火灾灭火所需消防用水的设计流量应由建筑的室外消火栓系统、室内消火栓系统、自动喷水灭火系统、泡沫灭火系统、水喷雾灭火系统、固定消防炮灭火系统、固定冷却水系统等需要同时作用的各种水灭火系统的设计流量组成，并应符合下列规定：（1）应按需要同时作用的各种水灭火系统最大设计流量之和确定；（2）两座及以上建筑合用消防给水系统时，应按其中一座设计流量最大者确定。因此，厂区的消防给水用量即为仓库区消防给水用量 873 m³，而不是仓库区与办公楼的用量之和，故不选 E。

3.【参考答案】CE

【解析】根据《消防给水及消火栓系统技术规范》第 7.3.2 条规定，建筑室外消火栓的数量应根据室外消火栓设计流量和保护半径经计算确定，保护半径不应大于 150 m，每个室外消火栓的出流量宜按 10～15 L/s 计算。经前述计算可知，物流厂区的室外消防给水系统设计流量为 35 L/s，按设计流量计算 35÷（10～15）=2.3～3.5（个）。厂区南北长 320 m，东西宽 120 m，根据该规范第 7.2.5 条规定，市政消火栓的保护半径不应超过 150 m，间距不应大于 120 m。根据该规范第 7.3.3 条规定，室外消火栓宜沿建筑周围均匀布置，且不宜集中布置在建筑一侧；建筑消防扑救面一侧的室外消火栓数量不宜少于 2 个。因此，该厂区应在长边各布置 2 个室外消火栓，共 4 个消火栓。

根据该规范第 7.3.10 条规定，室外消防给水引入管当设有倒流防止器，且火灾时因其水头损失导致室外消火栓不能满足该规范第 7.2.8 条的要求时，应在该倒流防止器前设置一个室外消火栓。故选 C，不选 A、B。

根据该规范第 5.4.1 条规定，下列场所的室内消火栓给水系统应设置消防水泵接合器：（1）高层民用建筑；（2）设有消防给水的住宅、超过 5 层的其他多层民用建筑；（3）超过 2 层或建筑面积大于 10 000 m² 的地下或半地下建筑（室）、室内消火栓设计流量大于 10 L/s 平战结合的人防工程；（4）高层工业建筑和超过 4 层的多层工业建筑；（5）城市交通隧道。办公楼设有室内消火栓系统，符合上述第（2）款。

根据该规范第 5.4.2 条规定，自动喷水灭火系统、水喷雾灭火系统、泡沫灭火系统和固定消防炮灭火系统等水灭火系统，均应设置消防水泵接合器。仓库区设有自动喷水灭火系统，应设水泵接合器，故不选 D。

根据该规范第 5.4.3 条规定，消防水泵接合器的给水流量宜按每个 10～15 L/s 计算。

每种水灭火系统的消防水泵接合器设置的数量应按系统设计流量经计算确定,但当计算数量超过3个时,可根据供水可靠性适当减少。办公区室内消火栓系统设计流量为15 L/s,15÷(10～15)=1～1.5(个),故选E。

4.【参考答案】ADE

【解析】根据《消防给水及消火栓系统技术规范》第7.3.5条规定,停车场的室外消火栓宜沿停车场周边设置,且与最近一排汽车的距离不宜小于7 m,距加油站或油库不宜小于15 m。故选A。

根据该规范第7.3.10条规定,室外消防给水引入管当设有倒流防止器,且火灾时因其水头损失导致室外消火栓不能满足该规范第7.2.8条的要求时,应在该倒流防止器前设置一个室外消火栓。故不选B。

根据该规范第5.4.7条规定,水泵接合器应设在室外便于消防车使用的地点,且距室外消火栓或消防水池的距离不宜小于15 m,并不宜大于40 m。故选D,不选C。

根据该规范第5.4.8条规定,墙壁消防水泵接合器的安装高度距地面宜为0.7 m;与墙面上的门、窗、孔、洞的净距离不应小于2 m,且不应安装在玻璃幕墙下方;地下消防水泵接合器的安装,应使进水口与井盖底面的距离不大于0.4 m,且不应小于井盖的半径。故选E。

5.【参考答案】BCD

【解析】根据《消防给水及消火栓系统技术规范》第4.3.2条规定,消防水池有效容积的计算应符合下列规定:(1)当市政给水管网能保证室外消防给水设计流量时,消防水池的有效容积应满足在火灾延续时间内室内消防用水量的要求;(2)当市政给水管网不能保证室外消防给水设计流量时,消防水池的有效容积应满足火灾延续时间内室内消防用水量和室外消防用水量不足部分之和的要求。

经前述计算可知,厂区室外消防给水设计流量为35 L/s,市政给水管网供水能力为20 L/s,因此,消防水池容积应满足火灾延续时间内室内消防用水量和室外消防用水量不足部分之和的要求。

室外消防用水量不足部分:$V_3=3.6×(35-20)×3=162$(m³)。

室内消防用水量:$V_2=495$(m³)。

消防水池容积不应小于:$V_2+V_3=162+495=657$(m³),故选B、C,不选A。

根据该规范第4.3.6条规定,消防水池的总蓄水有效容积大于500 m³时,宜设两格能独立使用的消防水池;当大于1 000 m³时,应设置能独立使用的两座消防水池。故选D。

根据该规范第4.3.3条规定,消防水池的给水管应根据其有效容积和补水时间确定,补水时间不宜大于48 h,但当消防水池有效总容积大于2 000 m³时,不应大于96 h。故不选E。

6.【参考答案】ACD

【解析】根据《消防给水及消火栓系统技术规范》第5.2.1条规定,临时高压消防给水系统的高位消防水箱的有效容积应满足初期火灾消防用水量的要求,并应符合下列规定:

（1）多层公共建筑、二类高层公共建筑和一类高层住宅，不应小于 18 m³，当一类高层住宅建筑高度超过 100 m 时，不应小于 36 m³；（2）工业建筑室内消防给水设计流量当小于或等于 25 L/s 时，不应小于 12 m³，大于 25 L/s 时不应小于 18 m³。该厂区的高位消防水箱为仓库和办公楼提供初期火灾用水，不应小于 18 m³，故选 A，不选 B。

根据该规范第 5.2.3 条规定，高位消防水箱可采用热浸镀锌钢板、钢筋混凝土、不锈钢板等建造。故选 C。

根据该规范第 5.2.4 条规定，当高位消防水箱在屋顶露天设置时，水箱的人孔以及进、出水管的阀门等应采取锁具或阀门箱等保护措施。故选 D。

根据该规范第 5.2.5 条规定，高位消防水箱间应通风良好，不应结冰，当必须设置在严寒、寒冷等冬季结冰地区的非采暖房间时，应采取防冻措施，环境温度或水温不应低于 5 ℃。故不选 E。

7.【参考答案】AD
【解析】根据《消防给水及消火栓系统技术规范》第 5.3.1 条规定，稳压泵宜采用单吸单级或单吸多级离心泵；根据该规范第 5.3.6 条规定，稳压泵应设置备用泵。故选 A，不选 B。

根据该规范第 5.3.2 条规定，稳压泵的设计流量不应小于消防给水系统管网的正常泄漏量和系统自动启动流量；消防给水系统管网的正常泄漏量应根据管道材质、接口形式等确定，当没有管网泄漏量数据时，稳压泵的设计流量宜按消防给水设计流量的 1%～3% 计，且不宜小于 1 L/s。因此，稳压泵的设计流量应大于 1 L/s。故选 D，不选 C。

根据该规范第 5.3.4 条规定，设置稳压泵的临时高压消防给水系统应设置防止稳压泵频繁启停的技术措施，当采用气压水罐时，其调节容积应根据稳压泵启泵次数不大于 15 次/h 计算确定，但有效储水容积不宜小于 150 L。故不选 E。

8.【参考答案】ABC
【解析】根据《建筑设计防火规范》第 8.1.7 条规定，设置火灾自动报警系统和需要联动控制消防设备的建筑（群）应设置消防控制室。消防控制室的设置应符合下列规定：（1）单独建造的消防控制室，其耐火等级不应低于二级；（2）附设在建筑内的消防控制室，宜设置在建筑内首层或地下一层，并宜布置在靠外墙部位；（3）不应设置在电磁场干扰较强及其他可能影响消防控制设备正常工作的房间附近；（4）疏散门应直通室外或安全出口。本题消防控制室设置在办公楼内，符合第 2 款，故选 A。

根据该规范第 6.2.7 条规定，附设在建筑内的消防控制室、灭火设备室、消防水泵房和通风空气调节机房、变配电室等，应采用耐火极限不低于 2.00 h 的防火隔墙和 1.50 h 的楼板与其他部位分隔。通风、空气调节机房和变配电室开向建筑内的门应采用甲级防火门，消防控制室和其他设备房开向建筑内的门应采用乙级防火门。故选 B、C。

根据《火灾自动报警系统设计规范》第 3.4.8 条规定，消防控制室内设备的布置应符合下列规定：（1）设备面盘前的操作距离，单列布置时不应小于 1.5 m；双列布置时不应小于 2 m。（2）在值班人员经常工作的一面，设备面盘至墙的距离不应小于 3 m。（3）设备面盘后的维修距离不宜小于 1 m。（4）设备面盘的排列长度大于 4 m 时，其两端应设置宽度不小于1m的通道。故不选D、E。

9.【参考答案】ADE

【解析】根据《火灾自动报警系统设计规范》第4.1.4条规定，消防水泵、防烟和排烟风机的控制设备，除应采用联动控制方式外，还应在消防控制室设置手动直接控制装置。根据该规范第4.3.2条规定，手动控制方式，应将消火栓泵控制箱（柜）的启动、停止按钮用专用线路直接连接至设置在消防控制室内的消防联动控制器的手动控制盘，并应直接手动控制消火栓泵的启动、停止。故选A。

根据该规范第4.3.1条规定，联动控制方式，应由消火栓系统出水干管上设置的低压压力开关、高位消防水箱出水管上设置的流量开关或报警阀压力开关等信号作为触发信号，直接控制启动消火栓泵，联动控制不应受消防联动控制器处于自动或手动状态影响。当设置消火栓按钮时，消火栓按钮的动作信号应作为报警信号及启动消火栓泵的联动触发信号，由消防联动控制器联动控制消火栓泵的启动。故不选B、C。

根据该规范第4.2.1条规定，湿式系统和干式系统的联动控制设计，应符合下列规定：（1）联动控制方式，应由湿式报警阀压力开关的动作信号作为触发信号，直接控制启动喷淋消防泵，联动控制不应受消防联动控制器处于自动或手动状态影响。故选D。（2）水流指示器、信号阀、压力开关、喷淋消防泵的启动和停止的动作信号应反馈至消防联动控制器。根据该规范第4.3.3条规定，消火栓泵的动作信号应反馈至消防联动控制器。故选E。

第三题

1.【参考答案】

（1）消防水池的有效容积满足要求。消防水池有效容积最小应为3.6×（10×2+20×1）=144（m³），200 m³满足要求。

（2）消防水箱的容积不满足要求，应不小于18 m³。

【解析】

（1）根据《消防给水及消火栓系统技术规范》第3.5.2条规定，高度超过15 m的多层教学楼室内消火栓设计流量为15 L/s，设有自动喷水灭火系统可减半，但不应小于10 L/s；根据该规范第3.6.2条规定，该教学楼消火栓的火灾延续时间为2 h。根据《自动喷水灭火系统设计规范》第5.0.16条规定，除该规范另有规定外，自动喷水灭火系统的持续喷水时间应按火灾延续时间不小于1 h确定。

（2）根据《消防给水及消火栓系统技术规范》第5.2.1条规定，多层公共建筑、二类高层公共建筑和一类高层住宅，不应小于18 m³，当一类高层住宅建筑高度超过100 m时，不应小于36 m³。

2.【参考答案】

（1）室内消火栓最大布置间距不符合规范要求，不应超过30 m。

（2）消火栓安装位置错误，不应安装在消火栓箱门轴一侧。

（3）消火栓箱门开启角度过小，不应小于120°。

【解析】根据《消防给水及消火栓系统技术规范》第7.4.10条规定，消火栓按2把消防水枪的2股充实水柱布置的建筑物，消火栓的布置间距不应大于30 m；根据该规范第

12.3.9 条规定，消火栓栓口出水方向宜向下或与设置消火栓的墙面成 90°，栓口不应安装在门轴侧；根据该规范第 12.3.10 条规定，消火栓箱门的开启角度不应小于 120°。

3.【参考答案】
（1）静压不符合要求，系统中设置稳压泵，最不利点灭火设备静压应大于 0.15 MPa。
（2）动压符合要求，应不小于 0.25 MPa。
【解析】
（1）根据《消防给水及消火栓系统技术规范》第 5.3.3 条规定，稳压泵的设计压力应保持系统最不利点处水灭火设施在准工作状态时的静水压力应大于 0.15 MPa。
（2）根据《消防给水及消火栓系统技术规范》第 7.4.12 条规定，高层建筑、厂房、库房和室内净空高度超过 8 m 的民用建筑等场所，消火栓栓口动压不应小于 0.35 MPa，且消防水枪充实水柱应按 13 m 计算；其他场所，消火栓栓口动压不应小于 0.25 MPa，且消防水枪充实水柱应按 10 m 计算。

4.【参考答案】
（1）喷头布置间距过大，该场所为中危险级 I 级，正方形布置喷头间距不应大于 3.6 m，长方形布置长边不应大于 4 m。
（2）延迟器出口不应设置球阀，应为限流孔板。
【解析】
（1）根据《自动喷水灭火系统设计规范》第 7.1.2 条规定，直立型、下垂型标准覆盖面积洒水喷头的布置，包括同一根配水支管上喷头的间距及相邻配水支管的间距，应根据设置场所的火灾危险等级、洒水喷头类型和工作压力确定，并不应大于该规范表 7.1.2（见下表）的规定，且不应小于 1.8 m。

直立型、下垂型标准覆盖面积洒水喷头的布置

火灾危险等级	正方形布置的边长 /m	矩形或平行四边形布置的长边边长 /m	一只喷头的最大保护面积 /m²	喷头与端墙的距离 /m	
				最大	最小
轻危险级	4.4	4.5	20	2.2	0.1
中危险级 I 级	3.6	4	12.5	1.8	
中危险级 II 级	3.4	3.6	11.5	1.7	
严重危险级、仓库危险级	3	3.6	9	1.5	

注：①设置单排洒水喷头的闭式系统，其洒水喷头间距应按地面不留漏喷空白点确定。
②严重危险级或仓库危险级场所宜采用流量系数大于 80 的洒水喷头。

（2）如设置球阀排水阀，平时关闭，延迟器中水不能排出，可能导致压力开关和水力警铃误报警；平时打开，其出水直径大，可能导致进入延迟器的水全部排出，在报警阀开启时压力开关和水力警铃不报警。

5.【参考答案】

(1) 灭火器型号不正确,设置场所的危险等级为中危险级,单具灭火器最小灭火级别为 2 A,而 MF/ABC2 灭火器灭火级别为 1 A。

(2) 灭火器配置点数量不足,中危险级场所手提式灭火器最大保护距离为 20 m,阶梯教室中没有配置灭火器,不能满足保证最不利点至少在 1 具灭火器的保护范围内的要求。

第四题

1.【参考答案】

(1) 消防供电及火灾报警系统中存在的问题:

1) 主电源恢复后,控制器应自动切换到主电源供电方式。

2) 厨房内不应设置感烟火灾探测器,容易造成误报火警。

(2) 主要是因为厨房会产生大量水雾、蒸气和油烟。

(3) 处理误报火警的方式不正确,相关人员应填写"建筑消防设施故障维修记录表",应立即通知维修人员进行维修,维修期间,应采取确保消防安全的有效措施。

【解析】根据《火灾报警控制器》第 5.2.10.1 条规定,控制器的电源部分应具有主电源和备用电源转换装置。当主电源断电时,能自动转换到备用电源;主电源恢复时,能自动转换到主电源;应有主、备电源工作状态指示。

根据《火灾自动报警系统设计规范》第 5.2.5 条规定,厨房、锅炉房、发电机房、烘干车间等不宜安装感烟火灾探测器的场所,宜选择点型感温火灾探测器。根据该规范第 5.2.3 条规定,相对湿度经常大于 95% 和有大量粉尘、水雾滞留的场所,不宜选择点型离子感烟火灾探测器。根据该规范第 5.2.4 条规定,有大量粉尘、水雾滞留和可能产生蒸气、油雾的场所,不宜选择点型光电感烟火灾探测器。厨房内由于做饭会经常存在大量水雾、蒸气和油雾,不能选择感烟火灾探测器。

根据《建筑消防设施的维护管理》第 8.2 条、第 8.3 条规定,值班、巡查、检测、灭火演练中发现建筑消防设施存在问题和故障的,相关人员应填写"建筑消防设施故障维修记录表",并向单位消防安全管理人报告。单位消防安全管理人对建筑消防设施存在的问题和故障,应立即通知维修人员进行维修,维修期间,应采取确保消防安全的有效措施。

2.【参考答案】

(1) 不正常。因为一只手动报警按钮和一只感温火灾探测器报警不应启动快速排气阀前电动阀;此外,预作用阀组动作打开后,阀组上压力开关会动作,预作用泵应启动。

(2) 报警阀组上压力开关故障。

【解析】根据《火灾自动报警系统设计规范》第 4.2.2 条规定,预作用系统的联动应由同一报警区域内两只及以上独立的感烟火灾探测器或一只感烟火灾探测器与一只手动火灾报警按钮的报警信号,作为预作用阀组开启的联动触发信号。由消防联动控制器控制预作用阀组的开启,使系统转变为湿式系统;当系统设有快速排气装置时,应联动控制排气阀前的电动阀的开启。故一只手动报警按钮和一只感温火灾探测器报警不应启动快速排气阀前电动阀。根据该规范第 4.2.1 条规定,湿式系统应由湿式报警阀压力开关的动作信号作为触发信号,直接控制启动喷淋消防泵,联动控制不应受消防联动控制器处于自动或手动状态影响。故预作用阀组动作打开后，压力开关动作，预作用泵应启动。

根据该规范第 4.2.1 条规定，压力开关、喷淋消防泵的启动和停止的动作信号和快速排气阀入口前电动阀的动作信号应反馈至消防联动控制器。控制器未收到压力开关动作信号，表明压力开关故障，由于其故障，又造成预作用泵无法启动。

3.【参考答案】

（1）不正常。因为气体灭火控制器报故障时间过长，不应超过 100 s；气体灭火控制器手动控制按钮启动功能失效，无法启动气体灭火系统。

（2）气体灭火控制器功能检测还应包含：

1）检查自检功能。
2）检查消音和复位功能。
3）检查故障报警功能。
4）检查延时设置功能。
5）检查反馈信号接收和显示功能。
6）检查手、自转换功能。
7）检查主、备电源的自动转换功能。
8）检查手动控制功能。

【解析】根据《消防联动控制系统》第 4.3.3.2 条规定，气体灭火控制器与声光警报器之间的连接线断路、短路和影响功能的接地，气体灭火控制器应在 100 s 内发出相应的故障声、光信号。根据该规范第 4.4.4 条的规定，气体灭火控制器上应设置对应于不同防护区的手动启动和停止按钮，手动启动按钮按下时，气体灭火控制器应执行符合该规范规定的联动操作。

根据《火灾自动报警系统施工及验收标准》第 4.15.1 条规定，应对气体灭火控制器下列主要功能进行检查并记录：①自检功能；②主、备电源的自动转换功能；③故障报警功能；④消音功能；⑤延时设置功能；⑥手、自转换功能；⑦手动控制功能；⑧反馈信号接收和显示功能；⑨复位功能。

4.【参考答案】

（1）切断集中电源的供电主电源，所配接灯具进入应急工作状态，符合规范要求；30 min 后灯具自动熄灭，也符合规范要求。

（2）集中电源所在防火分区的正常照明电源，所配接灯具进入应急工作状态，符合规范要求。

【解析】根据《消防应急照明和疏散指示系统技术标准》第 3.6.6 条规定，在非火灾状态下，系统主电源断电后，集中电源应连锁控制其配接的非持续型照明灯的光源应急点亮、持续型灯具的光源由节电点亮模式转入应急点亮模式；灯具持续应急点亮时间应符合设计文件的规定，且不应超过 0.5 h；系统主电源恢复后，集中电源应连锁其配接灯具的光源恢复原工作状态；或灯具持续点亮时间达到设计文件规定的时间，且系统主电源仍未恢复供电时，集中电源或应急照明配电箱应连锁其配接灯具的光源熄灭。

根据该标准第 3.6.7 条规定，在非火灾状态下，任一防火分区的正常照明电源断电后，为该区域内设置灯具供配电的集中电源应在主电源供电状态下，连锁控制其配接的非持续型照明灯的光源应急点亮、持续型灯具的光源由节电点亮模式转入应急点亮模式；该区域正常照明电源恢复供电后，集中电源应连锁控制其配接的灯具的光源恢复原工作状态。

5.【参考答案】
（1）该商业综合楼消防应急照明和疏散指示系统在蓄电池电源供电时的持续工作时间至少为 120 min。

（2）消防应急照明灯具一直没有点亮的原因可能有：
1）通信线路故障。
2）供电线路故障。
3）灯具自身故障。

【解析】根据《消防应急照明和疏散指示系统技术标准》第 3.2.4 条规定，系统应急启动后，对于建筑高度大于 100 m 的民用建筑在蓄电池电源供电时的持续工作时间不应小于 1.5 h。根据该标准第 3.6.6 条规定，在非火灾状态下，系统主电源断电后，集中电源应连锁控制其配接的非持续型照明灯的光源应急点亮、持续型灯具的光源由节电点亮模式转入应急点亮模式；灯具持续应急点亮时间应符合设计文件的规定，且不应超过 0.5 h。由题目描述可知，灯具是 30 min 后熄灭，故该建筑消防应急照明和疏散指示系统蓄电池电源供电时持续工作时间至少是 90+30=120（min）。

考虑到只有一个灯具未进入应急工作状态，很可能是该灯具自身故障或灯具所接的线路出了故障。

第五题

1.【参考答案】该建筑的耐火等级不应低于一级。高层主体内厅、室之间及与走道之间均采用耐火极限为 0.50 h 的不燃性墙体分隔，不符合要求。厅、室之间应采用耐火极限不低于 0.75 h 的不燃性墙体分隔，厅室与走道之间应采用耐火极限不低于 1.00 h 的不燃性墙体分隔。

【解析】根据《建筑设计防火规范》第 5.1.1 条规定，该建筑高度为 76 m，属于一类高层公共建筑。根据该规范第 5.1.3 条规定，一类高层建筑的耐火等级不应低于一级。根据该规范第 5.1.2 条规定，厅、室之间应采用耐火极限不低于 0.75 h 的不燃性墙体分隔，厅室与走道之间应采用耐火极限不低于 1.00 h 的不燃性墙体分隔。

2.【参考答案】
（1）七氟丙烷灭火系统的灭火设计浓度不应小于灭火浓度的 1.3 倍。
（2）在通信机房和电子计算机房等防护区，设计喷放时间不应大于 8 s。
（3）七氟丙烷灭火系统的泄压口应位于防护区净高的 2/3 以上。

【解析】根据《气体灭火系统设计规范》第 3.3.1 条规定，七氟丙烷灭火系统的灭火设计浓度不应小于灭火浓度的 1.3 倍，惰化设计浓度不应小于惰化浓度的 1.1 倍。根据该规范第 3.3.7 条规定，在通信机房和电子计算机房等防护区，设计喷放时间不应大于 8 s；在其他防护区，设计喷放时间不应大于 10 s。根据该规范第 3.2.7 条规定，防护区应设置泄压口，七氟丙烷灭火系统的泄压口应位于防护区净高的 2/3 以上。

3.【参考答案】加压送风机的启动应符合下列规定：

（1）现场手动启动。

（2）通过火灾自动报警系统自动启动。

（3）消防控制室手动启动。

（4）系统中任一常闭加压送风口开启时，加压风机应能自动启动。

【解析】参见《建筑防烟排烟系统技术标准》第5.1.2条。

4.【参考答案】

（1）主楼地上一层大堂、咖啡厅、自助餐厅、商场营业厅，其室内任一点至最近疏散门的直线距离不大于35 m，并通过长度不大于15 m的疏散走道通至最近的安全出口，不符合要求。室内任一点至最近疏散门或安全出口的直线距离不应大于30 m，当疏散门不能直通室外地面或疏散楼梯间时，应采用长度不大于10 m的疏散走道通至最近的安全出口。当该场所设置自动喷水灭火系统时，室内任一点至最近安全出口的安全疏散距离可分别增加25%。10×1.25=12.5（m）＜15 m。

（2）儿童游乐场所设置在高层建筑内时，应设置独立的安全出口和疏散楼梯。

【解析】根据《建筑设计防火规范》第5.5.17条规定，一、二级耐火等级建筑内疏散门或安全出口不少于2个的观众厅、展览厅、多功能厅、餐厅、营业厅等，其室内任一点至最近疏散门或安全出口的直线距离不应大于30 m；当疏散门不能直通室外地面或疏散楼梯间时，应采用长度不大于10 m的疏散走道通至最近的安全出口。当该场所设置自动喷水灭火系统时，室内任一点至最近安全出口的安全疏散距离可分别增加25%。

根据《建筑设计防火规范》第5.4.4条规定，托儿所、幼儿园的儿童用房和儿童游乐厅等儿童活动场所设置在高层建筑内时，应设置独立的安全出口和疏散楼梯。

5.【参考答案】地面装修材料均采用硬PVC塑料地板，不符合要求，应采用A级燃烧性能的材料。

【解析】根据《建筑内部装修设计防火规范》第5.3.1条规定，地下营业厅内部顶棚、墙面、地面装修材料的燃烧性能均为A级。本题中硬PVC塑料地板的燃烧性能为B_1级。

第六题

1.【参考答案】服装加工厂耐火等级为一级。服装加工厂为丙类厂房。中间仓库为甲类中间仓库。变配电室属于丙类生产。

【解析】根据《建筑设计防火规范》第3.2.11条规定，采用自动喷水灭火系统全保护的一级耐火等级单、多层厂房（仓库）的屋顶承重构件，其耐火极限不应低于1.00 h。根据该规范第3.2.15条规定，一、二级耐火等级厂房（仓库）的上人平屋顶，其屋面板的耐火极限分别不应低于1.50 h和1.00 h。

本题服装加工厂房的柱为不燃性，耐火极限为3.00 h，符合一级耐火等级建筑的建筑构件要求；可上人平屋顶屋面板和屋顶承重构件的燃烧性能和耐火等级符合第3.2.15条和第3.2.11条规定。所以，服装加工厂房耐火等级为一级。

根据该规范第3.1.1条规定，服装加工厂为丙类厂房。根据该规范第3.1.3条条文说明，甲醇和甲苯属于甲类储存物品火灾危险性。

根据该规范第 3.1.1 条条文说明，配电室（每台装油量大于 60 kg 的设备）属于丙类生产。

2.【参考答案】服装加工厂房与加油站内埋地汽油罐的安全距离不应小于 11 m；该厂房与电视机装配厂的防火间距不应小于 13 m；该厂房与瓶装液氧仓库的防火间距不应小于 10 m；该厂房与丁二烯及其聚合厂房的防火间距不应小于 12 m。

【解析】根据《建筑设计防火规范》第 2.1.1 条规定，高层建筑是建筑高度大于 27 m 的住宅建筑和建筑高度大于 24 m 的非单层厂房、仓库和其他民用建筑。所以，本题服装加工厂房为多层厂房，电视机装配厂为高层厂房，瓶装液氧仓库为单层仓库，丁二烯及其聚合厂房为单层厂房。

根据该规范第 3.1.1 条、第 3.1.3 条及其条文说明规定，电视机装配厂为丙类生产厂房，瓶装液氧仓库为乙类仓库，丁二烯及其聚合厂房为甲类生产厂房。根据《汽车加油加气加氢站技术标准》第 3.0.9 条规定，加油站的等级划分应符合表 3.0.9（见下表）的规定。柴油量折半计入总量。本题加油站油量为 90+25=115（m³），属于二级加油站。

加油站的等级划分

加油站等级	加油站油罐容积 /m³	
	总容积	单罐容积
一级	150 < V ≤ 210	V ≤ 50
二级	90 < V ≤ 150	V ≤ 50
三级	V ≤ 90	汽油罐 V ≤ 30，柴油罐 V ≤ 50

根据《建筑设计防火规范》第 3.4.1 条规定，除该规范另有规定外，厂房之间及与乙、丙、丁、戊类仓库、民用建筑等的防火间距不应小于表 3.4.1 的规定。

根据《汽车加油加气加氢站技术标准》第 4.0.4 条规定，加油站、各类合建站中的汽油柴油工艺设备与站外建（构）筑物的安全间距，不应小于表 4.0.4 的规定。

3.【参考答案】
（1）服装加工厂房地上各层至少应划分 2 个防火分区。
（2）存在问题①：中间仓库设置在二层靠中间位置。
整改措施：甲类中间仓库应在顶层靠外墙布置。
存在问题②：中间仓库与其他部分采用防火隔墙分隔。
整改措施：甲类中间仓库应采用防火墙和耐火极限不低于 1.50 h 的不燃性楼板与其他部位分隔。
存在问题③：在二层设置员工宿舍。
整改措施：不允许在厂房内设置员工宿舍，将员工宿舍移出厂房。
存在问题④：在一层设置办公室，采用耐火极限不低于 2.00 h 的防火隔墙与其他部位分隔，有 1 个通向生产车间的门。
整改措施：服装加工厂房为丙类厂房，办公室、休息室设置在丙类厂房内时，应采用

3.【参考答案】加压送风机的启动应符合下列规定：

（1）现场手动启动。

（2）通过火灾自动报警系统自动启动。

（3）消防控制室手动启动。

（4）系统中任一常闭加压送风口开启时，加压风机应能自动启动。

【解析】参见《建筑防烟排烟系统技术标准》第5.1.2条。

4.【参考答案】

（1）主楼地上一层大堂、咖啡厅、自助餐厅、商场营业厅，其室内任一点至最近疏散门的直线距离不大于35 m，并通过长度不大于15 m的疏散走道通至最近的安全出口，不符合要求。室内任一点至最近疏散门或安全出口的直线距离不应大于30 m，当疏散门不能直通室外地面或疏散楼梯间时，应采用长度不大于10 m的疏散走道通至最近的安全出口。当该场所设置自动喷水灭火系统时，室内任一点至最近安全出口的安全疏散距离可分别增加25%。$10 \times 1.25 = 12.5$（m）< 15 m。

（2）儿童游乐场所设置在高层建筑内时，应设置独立的安全出口和疏散楼梯。

【解析】根据《建筑设计防火规范》第5.5.17条规定，一、二级耐火等级建筑内疏散门或安全出口不少于2个的观众厅、展览厅、多功能厅、餐厅、营业厅等，其室内任一点至最近疏散门或安全出口的直线距离不应大于30 m；当疏散门不能直通室外地面或疏散楼梯间时，应采用长度不大于10 m的疏散走道通至最近的安全出口。当该场所设置自动喷水灭火系统时，室内任一点至最近安全出口的安全疏散距离可分别增加25%。

根据《建筑设计防火规范》第5.4.4条规定，托儿所、幼儿园的儿童用房和儿童游乐厅等儿童活动场所设置在高层建筑内时，应设置独立的安全出口和疏散楼梯。

5.【参考答案】地面装修材料均采用硬PVC塑料地板，不符合要求，应采用A级燃烧性能的材料。

【解析】根据《建筑内部装修设计防火规范》第5.3.1条规定，地下营业厅内部顶棚、墙面、地面装修材料的燃烧性能均为A级。本题中硬PVC塑料地板的燃烧性能为B_1级。

第六题

1.【参考答案】服装加工厂耐火等级为一级。服装加工厂为丙类厂房。中间仓库为甲类中间仓库。变配电室属于丙类生产。

【解析】根据《建筑设计防火规范》第3.2.11条规定，采用自动喷水灭火系统全保护的一级耐火等级单、多层厂房（仓库）的屋顶承重构件，其耐火极限不应低于1.00 h。根据该规范第3.2.15条规定，一、二级耐火等级厂房（仓库）的上人平屋顶，其屋面板的耐火极限分别不应低于1.50 h和1.00 h。

本题服装加工厂房的柱为不燃性，耐火极限为3.00 h，符合一级耐火等级建筑的建筑构件要求；可上人平屋顶屋面板和屋顶承重构件的燃烧性能和耐火等级符合第3.2.15条和第3.2.11条规定。所以，服装加工厂房耐火等级为一级。

根据该规范第3.1.1条规定，服装加工厂为丙类厂房。根据该规范第3.1.3条条文说明，甲醇和甲苯属于甲类储存物品火灾危险性。

根据该规范第 3.1.1 条条文说明，配电室（每台装油量大于 60 kg 的设备）属于丙类生产。

2.【参考答案】服装加工厂房与加油站内埋地汽油罐的安全距离不应小于 11 m；该厂房与电视机装配厂的防火间距不应小于 13 m；该厂房与瓶装液氧仓库的防火间距不应小于 10 m；该厂房与丁二烯及其聚合厂房的防火间距不应小于 12 m。

【解析】根据《建筑设计防火规范》第 2.1.1 条规定，高层建筑是建筑高度大于 27 m 的住宅建筑和建筑高度大于 24 m 的非单层厂房、仓库和其他民用建筑。所以，本题服装加工厂房为多层厂房，电视机装配厂为高层厂房，瓶装液氧仓库为单层仓库，丁二烯及其聚合厂房为单层厂房。

根据该规范第 3.1.1 条、第 3.1.3 条及其条文说明规定，电视机装配厂为丙类生产厂房，瓶装液氧仓库为乙类仓库，丁二烯及其聚合厂房为甲类生产厂房。根据《汽车加油加气加氢站技术标准》第 3.0.9 条规定，加油站的等级划分应符合表 3.0.9（见下表）的规定。柴油量折半计入总量。本题加油站油量为 90+25=115（m³），属于二级加油站。

加油站的等级划分

加油站等级	加油站油罐容积 /m³	
	总容积	单罐容积
一级	$150 < V \leq 210$	$V \leq 50$
二级	$90 < V \leq 150$	$V \leq 50$
三级	$V \leq 90$	汽油罐 $V \leq 30$，柴油罐 $V \leq 50$

根据《建筑设计防火规范》第 3.4.1 条规定，除该规范另有规定外，厂房之间及与乙、丙、丁、戊类仓库、民用建筑等的防火间距不应小于表 3.4.1 的规定。

根据《汽车加油加气加氢站技术标准》第 4.0.4 条规定，加油站、各类合建站中的汽油柴油工艺设备与站外建（构）筑物的安全间距，不应小于表 4.0.4 的规定。

3.【参考答案】
（1）服装加工厂房地上各层至少应划分 2 个防火分区。
（2）存在问题①：中间仓库设置在二层靠中间位置。
整改措施：甲类中间仓库应在顶层靠外墙布置。
存在问题②：中间仓库与其他部分采用防火隔墙分隔。
整改措施：甲类中间仓库应采用防火墙和耐火极限不低于 1.50 h 的不燃性楼板与其他部位分隔。
存在问题③：在二层设置员工宿舍。
整改措施：不允许在厂房内设置员工宿舍，将员工宿舍移出厂房。
存在问题④：在一层设置办公室，采用耐火极限不低于 2.00 h 的防火隔墙与其他部位分隔，有 1 个通向生产车间的门。
整改措施：服装加工厂房为丙类厂房，办公室、休息室设置在丙类厂房内时，应采耐火极限不低于 2.50 h 的防火隔墙和 1.00 h 的楼板与其他部位分隔，并应至少设置 1 个独立的安全出口。

存在问题⑤：甲类中间仓库只设通风口。

整改措施：应该设置泄压设施及防止液体流散的设施。

【解析】根据《建筑设计防火规范》第 3.3.1 条规定，服装加工厂房为一级耐火等级的丙类厂房，每层防火分区面积不应大于 6 000 m²，本题每层建筑面积为 8 000 m²，故应划分 2 个防火分区。

根据该规范第 3.3.6 条规定，厂房内设置中间仓库时，应符合下列规定：①甲、乙类中间仓库应靠外墙布置，其储量不宜超过 1 昼夜的需要量；②甲、乙、丙类中间仓库应采用防火墙和耐火极限不低于 1.50 h 的不燃性楼板与其他部位分隔。

根据该规范第 3.6.7 条规定，有爆炸危险的甲、乙类生产部位，宜布置在单层厂房靠外墙的泄压设施或多层厂房顶层靠外墙的泄压设施附近。

根据该规范第 3.3.5 条规定，员工宿舍严禁设置在厂房内。办公室、休息室设置在丙类厂房内时，应采用耐火极限不低于 2.50 h 的防火隔墙和 1.00 h 的楼板与其他部位分隔，并应至少设置 1 个独立的安全出口。如隔墙上需开设相互连通的门时，应采用乙级防火门。

根据该规范第 3.6.12 条规定，甲、乙、丙类液体仓库应设置防止液体流散的设施。

根据该规范第 3.6.2 条规定，有爆炸危险的厂房或厂房内有爆炸危险的部位应设置泄压设施。

4.【参考答案】中间仓库的防爆措施有：①管、沟不应与相邻厂房的管、沟相通，下水道应设置隔油设施。②应采用不发火花的地面。采用绝缘材料作整体面层时，应采取防静电措施。③厂房内不宜设置地沟，确需设置时，其盖板应严密，地沟应采取防止可燃气体、可燃蒸气和粉尘、纤维在地沟积聚的有效措施，且应在与相邻厂房连通处采用防火材料密封。

【解析】根据《建筑设计防火规范》第 3.6.11 条规定，使用和生产甲、乙、丙类液体的厂房，其管、沟不应与相邻厂房的管、沟相通，下水道应设置隔油设施。

根据该规范第 3.6.6 条规定，散发较空气重的可燃气体、可燃蒸气的甲类厂房和有粉尘、纤维爆炸危险的乙类厂房，应符合下列规定：①应采用不发火花的地面。采用绝缘材料作整体面层时，应采取防静电措施。②散发可燃粉尘、纤维的厂房，其内表面应平整、光滑，并易于清扫。③厂房内不宜设置地沟，确需设置时，其盖板应严密，地沟应采取防止可燃气体、可燃蒸气和粉尘、纤维在地沟积聚的有效措施，且应在与相邻厂房连通处采用防火材料密封。

本题中间仓库为甲类仓库，储存物质为甲醇和甲苯，甲醇与甲苯属于甲类易挥发物质，甲醇蒸气比空气略重，甲苯蒸气比空气重。

5.【参考答案】

（1）中间仓库容积 $V=200 \times 5=1\ 000$（m³）。

（2）泄压面积 $A=10CV^{\frac{2}{3}}=10\times0.11\times1\,000^{\frac{2}{3}}=10\times0.11\times100.23=110.253$（$m^2$）。

中间仓库的泄压面积为 110.253（m^2）。

【解析】根据《建筑设计防火规范》第 3.6.4 条规定，厂房的泄压面积宜按下式计算，但当厂房的长径比大于 3 时，宜将建筑划分为长径比不大于 3 的多个计算段，各计算段中的公共截面不得作为泄压面积：

$$A=10CV^{\frac{2}{3}}$$

式中　A——泄压面积（m^2）；

　　　C——泄压比（m^2/m^3）；

　　　V——厂房的容积（m^3）。

后 记

　　为适应注册消防工程师资格考试的需要，根据注册消防工程师资格考试大纲、考试教材及相关国家标准规范，我们组织消防领域专家、学者经多次研讨，对历年考试情况进行了梳理，编写了"注册消防工程师资格考试辅导用书"之模考通关试卷系列考试辅导用书，分三册，包括《消防安全技术实务模考通关试卷》《消防安全技术综合能力模考通关试卷》《消防安全案例分析模考通关试卷》。

　　模考通关试卷系列考试辅导用书，与考前冲刺系列考试辅导用书相配套，旨在适应应试人员考前押题需求，提供考前押题套题。内容上，由作者参考历年试题难度，结合知识点出现频度，组织编写了5套试卷，并予以详细解析，建议应试人员结合考试时间安排，自选时间进行模拟练兵。

　　《消防安全案例分析模考通关试卷》编写人员由中国人民警察大学消防专业教育专家组成，编写分工如下：杨殿波编写第一套至第五套的第一题；韩海云编写第一套至第五套的第二题；徐方编写第一套至第五套的第三、五题；杨卫国编写第一套至第五套的第四题；王滨滨编写第一套至第五套的第六题。

　　虽然编写成员精益求精，但是由于水平有限，书中难免有错漏和不足之处，恳请广大读者批评指正。

注册消防工程师资格考试辅导用书编委会

2023年2月